高等艺术院校设计学科艺工融合改革系列教材

建筑图呈

彭 颖 罗 瑾◎编著

BUILD

中国建筑工业出版社

图书在版编目（CIP）数据

建筑图呈 / 彭颖，罗瑾编著. —北京：中国建筑
工业出版社，2023.12
高等艺术院校设计学科艺工融合改革系列教材
ISBN 978-7-112-29405-3

Ⅰ. ①建… Ⅱ. ①彭… ②罗… Ⅲ. ①建筑制图—高
等学校—教材 Ⅳ. ①TU204

中国国家版本馆CIP数据核字（2023）第241161号

　　本书强调以人居环境设计需求为导向，从专业分割转向交叉融合，从适应服务转向支撑引领，在内容方面突出人居环境设计领域对制图基础理论和各领域的需求，以学习者为中心拓展设计类人员的思维创造。本书通过对工程图纸与设计之间二维呈图与三维构形联系建立，突破工程制图类书籍"传递—接收"模式，建立概念理解"抽象—具象—抽象"的过程，实现对图呈建筑的具象解读与应用。本书适用于综合性艺术高校中开设的人居环境领域下属专业应用型本科课程，也可为作为从事人居环境设计、建筑类设计等相关的专业技术人员学习参考书。

　　本书附赠配套课件，如有需求，请发送邮件至CABPdesignbook@126.com获取，并注明所要文件的书名。

责任编辑：张　华　唐　旭
书籍设计：锋尚设计
责任校对：刘梦然

高等艺术院校设计学科艺工融合改革系列教材
建筑图呈
彭　颖　罗　瑾　编著

＊

中国建筑工业出版社出版、发行（北京海淀三里河路9号）
各地新华书店、建筑书店经销
北京锋尚制版有限公司制版
建工社（河北）印刷有限公司印刷

＊

开本：880毫米×1230毫米　1/16　印张：10¼　字数：231千字
2023年12月第一版　2023年12月第一次印刷
定价：**42.00**元（赠课件）
ISBN 978-7-112-29405-3
（42187）

高等艺术院校设计学科艺工融合改革系列教材

编委会

前言

图呈建筑，即如何以图样呈现建筑，一则是设计人员如何把脑海里的三维空间呈现出来，这是三维转译为二维的设计过程，这是设计思维的训练过程；二则是以最有效、最准确的方法绘制在图上，让施工建造者将图搭建成实物。准确、规范、效率是建筑图呈的另一层要求，自从人类开始建造，人们便在上述两个维度不断探索实践。本教材以"建筑图呈方法""从建筑到图样""图呈建筑设计"三个模块，进行建筑图呈方法的探索；以轴测投影、标高投影、透视投影的建筑作图方法以及建筑徒手制作图方法介绍当前的"图呈方法"；并以建筑测绘介绍建筑图呈方法如何"从建筑到图样"的基本过程；最后，以人居环境设计领域下建筑、室内装饰、景观园林三个部分的设计图样表达介绍"图呈建筑设计"。

本书强调以人居环境设计需求为导向，从专业分割转向交叉融合，从适应服务转向支撑引领，在内容方面突出人居环境设计领域对制图基础理论和各分领域的需求。本书着重对工程图纸与设计之间二维图呈与三维构形建立联系。突破工程制图类书籍"传递—接收"模式，建立概念理解"抽象—具象—抽象"的过程，实现对图呈建筑的具象解读与应用。

本教材共10章，三个模块，第1章、第4章、第5章、第6章、第7章、第8章、第9章、第10章，由彭颖编写完成；第2章、第3章由罗瑾编写完成，全书统稿由彭颖完成。感谢姚磊、陈旭熙、谢晨宁、梁盈章、钟雯婧、欧阳普志、陈思源、白晓创、熊婉宁、周辣等对本书编写的参与付出，感谢华蓝设计（集团）为本书提供的项目案例图样。

目录

前言

模块一　建筑图呈方法

第 1 章　建筑图呈方法探索 ·· 003

1.1　建筑实体的图呈探索　　005
1.2　现代建筑图呈　　013

第 2 章　正投影建筑制图方法 ·································· 021

2.1　正投影视图　　023
2.2　点、线、面、单体三视正投影　　023
2.3　点、线、面、单体投影相互关系　　030
2.4　组合体投影　　031

第 3 章　轴测投影建筑制图方法 ····························· 035

3.1　轴测投影方法　　037
3.2　轴测投影的画法　　038
3.3　轴测投影的建筑表达应用　　040

第 4 章　标高投影建筑制图方法 ····························· 047

4.1　标高投影的表达　　049
4.2　标高投影的应用　　050

第 5 章　透视投影建筑制图方法 ·· 053

　　5.1　透视基本概念　055
　　5.2　透视基本规律　057
　　5.3　透视图基本作图法　060
　　5.4　透视作图简法　062

第 6 章　建筑徒手制图方法 ·· 069

　　6.1　常用制图工具　071
　　6.2　制图图纸要求　075
　　6.3　几何作图方法　080

模块二　从建筑到图样

第 7 章　建筑测绘 ·· 087

　　7.1　建筑测绘的工具　089
　　7.2　建筑测绘一般流程　092
　　7.3　建筑测绘的内容　093

模块三　图呈建筑设计

第 8 章　建筑设计图 ·· 105

　　8.1　建筑的表达规范与要求　107
　　8.2　不同阶段建筑的设计表达要求　120

第 9 章　建筑装饰设计图 ·· 123

　　9.1　建筑装饰设计图的表达规范　125
　　9.2　建筑装饰设计图表达要求　128

第 10 章 景观设计图 ·· 135

    10.1   景观设计的表达规范   137

    10.2   不同设计阶段景观的设计表达   141

    10.3   景观设计图的表达要求   145

模块一

建筑图呈方法

　　建筑如何转化成技术图纸？或者说想要表达清楚一栋建筑我们需要提供哪些图纸与图样？在本模块中通过"建筑图呈方法探索""正投影建筑制图方法""轴测投影建筑制图方法""标高投影建筑制图方法""透视投影建筑制图方法"以及"建筑徒手制图方法"六个部分，介绍长期以来人们在探索中最适合表现、表达、建造建筑图呈的方法。通过介绍当下主流的建筑制图方法，解析建筑与图样的图呈关系，为后续人居环境设计类专业课程的开展，实现建筑与景观、设施、结构、室内等专业的配合协调工作打下基础。

第1章
建筑图呈方法探索

BUILD

1.2
现代建筑图呈

1.1
建筑实体的图呈探索

» 内容与目标：

　　本章通过对建筑实体的表达，探索历史以及建筑图学的现状，包括建筑实体的图呈探索、现代建筑图呈等内容，在教授制图工程技术理论知识之前，为学生建立起对于建筑图呈的系统认知，并奠定专业的基础理论。

» 建议学时：4学时

要点：1．投影在现代建筑图学中的应用思路。

　　　2．投影的定义和类型。

　　　3．投影在建筑图纸表达过程中的应用历史。

　　　4．投影在现代建筑图学中的应用方法和途径。

» 参考书目：

[1]　李国生．建筑透视与阴影[M]．第5版．广州：华南理工大学出版社，2018.

[2]　吴葱．在投影之外：文化视野下的建筑图学研究[M]．天津：天津大学出版社，2004.

1.1　建筑实体的图呈探索

1.1.1　建筑实体的呈现不只是投影

建筑图的对象是人所"栖居"的建筑及其场所。建筑图不仅要反映建筑各部分及各构件之间的物—物关系，还要反映人—物关系，甚至沟通人与物、人与建筑和自然的关系，体现人的主体地位。

其他工程领域制图通常以摆脱绘画为一种进步标志，而建筑图要割断与绘画的关系是不可想象的，其通常具有实现建筑审美活动的功能。

现代建筑制图起源于西方，而我国古代也形成了自己独特的建筑制图方式，且与建筑绘画关系密切。宋代是我国古代工程制图发展的全盛时期，并编纂完成了我国古代建筑制图的重要成果——《营造法式》，此书中的建筑制图已经形成了一套较为完善的表现方法体系。

对于建筑制图与绘画来说，古代建筑制图与建筑绘画的共同目标是"画成其物""依类象形"。"以画带图"构成了古代建筑制图最主要的特点，即感性示意，建筑的表现手法不是现代制图以理性的精确平行投影来表现建筑物，而是在图像中传递建筑物大致的位置与大小等信息，比例与具体尺寸信息不会标注在具体的图示上，而是以文字的形式进行标识。

1.1.2　工程制图的简化

工程制图的简化是以标准化原理为理论基础，运用心理学、逻辑学、价值工程等学科的相关理论知识，遵循形象思维和逻辑思维的科学规律，对简化方案探讨、研究，进行分辨、归纳、综合、选择和优化（图1-1-1、图1-1-2）。

1）建筑图必须满足建筑实践中的基本功能，即作为信息传播的手段和语言形式，在设计者、建造者、使用者诸多人群中完成建筑信息的储存、传递和转换等过程，体现在设计和施工程序中的各个环节中。

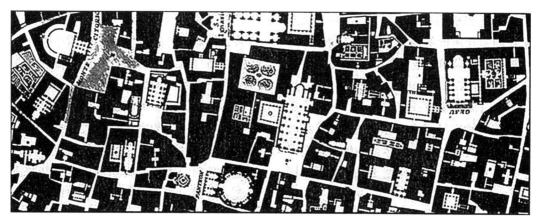

图1-1-1　《街道的美学》中詹巴蒂斯塔·诺利的罗马地图

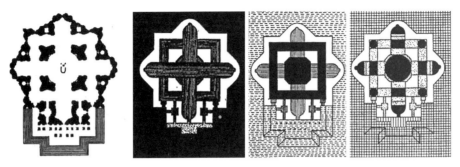

图1-1-2　《街道的美学》中赛维对圣彼得大教堂的空间再现进行研究所绘制的参考图

2）建筑图也是设计构思、文化交流中认知、思维和审美的媒介，是表现建筑美的重要载体。

建筑图的发展遵循"图式—矫正"的发展规律，建筑图首先必须匹配于建筑实践的基本功能，这一功能的需要，促进了图示再现手段的完善，是建筑制图方法不断丰富和进步的首要动力。

1.1.3　中国历史上的建筑图呈

"索象于图，索理于书。"中国认为图与文构成一种辩证关系，从历代古籍文献和出土考古物件中，我们可以看到平面与立面结合的城池舆图（图1-1-3），类似轴测表达的庭院图（图1-1-4），类似正投影表达的建筑立面图（图1-1-5、图1-1-6）、平面布局示意图（图1-1-7）。

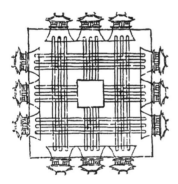

图1-1-3　《周礼·考工记》平面与立面相结合表达的中国理想都城图

图1-1-4　成都东汉画像砖中以轴测表达的庭院图

图1-1-5　建筑图样，以"人"之形为基准并外推构成的中国古代建筑空间尺度模数

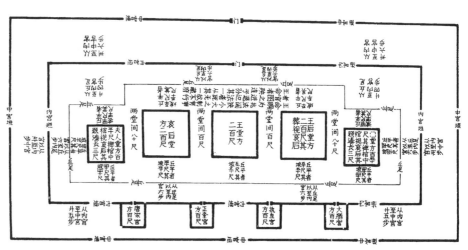

图1-1-6　古代壁画中的建筑立面　　　　图1-1-7　中国古代建筑实践与理论思维的传承，由单体的"形"到群体的"势"，最终形成"千尺为势，百尺为形"的建筑外部空间构成的模数系统及相关理论

宋代郭熙在《林泉高致》中所述："学画竹者，取一株竹，因月夜照其影于素壁之上，则竹之形出矣。"其描述了平行投影画法的具体应用。

中国古代工匠的描绘方式目的在于将图像自身最大限度地展示清晰和完整。这里所说的清晰和完整并非像欧洲文艺复兴时期画家那样运用准确的透视法进行表现，而是将所表现事物从"最具有特性的角度去表现"。

就绘画再现而言，中国画与西方绘画相比，中国画没有在自己的土壤中发展出西方形式和意义上的透视法与明暗对比法，但是不妨碍具有中国特色的建筑图呈。

青铜器和汉代画像石上的建筑形象已经采用多视角的有机组合手法，将一个建筑的多个视图组织到一个画面中进而表现这一建筑形象。图像中建筑乍看是一个正立面的形象，实则是由多种视角拼接在一起的。

中国历史上的界画是指以宫室、楼台、屋宇等建筑物为题材的绘画，常以建筑为主体，辅以山水、人物、舟车。界画可解释为一种作画技法，以界尺引线而得名，反映古代建筑营造技术方面几何化、秩序化的特性，并反映建筑、园林的艺术特征。界画中的建筑一般采用正面一平行法，正面保持原貌（图1-1-8），侧面倾斜并相应缩短（图1-1-9～图1-1-11）。界画的特点，一是，"求诸绳距"，使用工具和按营造法式设计绘制；二是，"折算无亏"，反映界画技法的定量化水平。

界画的上乘之作，并非一味地工整严谨，最高境界为"游规矩之内而不为所窘"，著名的《清明上河图》城内的建筑用界尺引线，而郊野的民居则用徒手勾线，足以体现画家的灵气和匠心。

"制图六体"是我国现存最早的地图编制理论，是一种定量化的制图思想。六体即分率、准望、道里、高下、方斜、迂直6项相互关联、相互制约的地图绘制原则，分率即比例尺；准望为方向，用以确定地貌、地物彼此间的相互方位关系；道里为行人的道路，以确定两地之间

图1-1-8　敦煌早期壁画中以典型面为正立面的画法　　　　图1-1-9　正面一侧加上侧面的画法

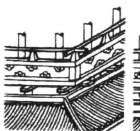
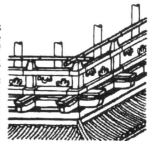

图1-1-10　早期壁画中宅院正面—平行法　　　　图1-1-11　早期壁画中勾栏、斗栱正面—平行法

道路的距离；高下即相对高程"高取下"；方斜即地面坡度的起伏"方取斜"；迂直即实地高低起伏与图上距离的换算，迂取直即要求绘图时地物之间的距离必须按水平距离计算，这种制图方法以地平观为基础，在绘制小范围地图时可达到相当的精确度。

"计里画方"是中国古代地图重要的制图方法，它是利用经纬方格网辅助制图的方法，由于便于标定位置，辅助计算面积、距离等而在后世制图中广泛应用。"制图六体"假设将大地看作平面，而"计里画方"从几何关系到视觉因素都体现制图六体的实质，标志着中国古代定量化制图的成就。

中国地图中还有一种景观式地理图，以写形为本，象形而写意，以山川景观为主，较为常见的是山川形胜图，或涉及城市、村落、宫殿、宅院、寺观、苑囿、陵墓等建筑选址的风水形势图（图1-1-12）。

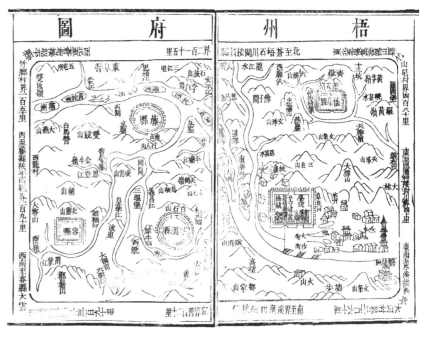

图1-1-12　广西梧州府山川形胜图
（来源：《梧州府志》，清同治年间绘制）

　　宋代在建筑绘画方面表现了较强的创造力，作为我国古代写实绘画的巅峰时期，其建筑绘画力求完整而准确地表现建筑形象，在这一方面制图与绘画达成了统一。1103年《营造法式》中"大木作制度图样"水平投影图呈殿阁平面（图1-1-13）以竖向剖切投影，清晰、翔实地绘制了建筑和结构构件组合形式（图1-1-14）。

　　在西方，对于透视的解释，早在公元前5世纪左右古希腊哲学家安那克萨哥拉（Anaxagoras，公元前500～约前428年）就描述"在绘画时图上线条应按自然的比例绘制"，相当于以眼睛作为固定视点，当视线穿过假设平面时，观察物体上各点描绘的图样；而文艺复兴时期的丢勒（Albrecht Dürer，1471～1528年）和达·芬奇（Leonardo da Vinci，1452～1519年）等对透

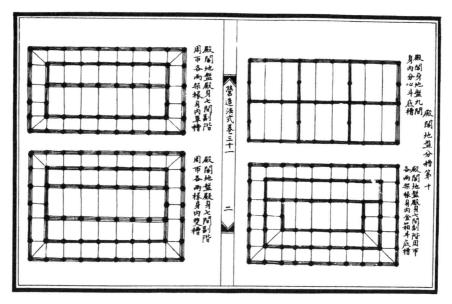

图1-1-13 《营造法式 卷三十一 二》，殿阁地盘分槽平面图

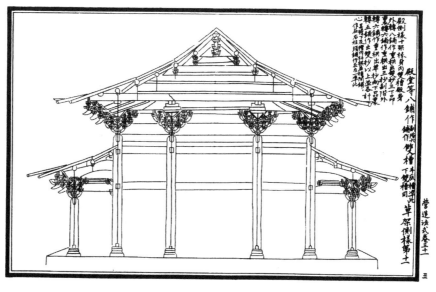

图1-1-14 《营造法式 卷三十一 三》，殿堂等八铺作图样

视学理论作了精彩分析；法国学者蒙日（G.Monge，1746～1818年）于1799年出版了关于投影法的著作《画法几何》。

　　在我国，早在1103年，宋代李诚著写的《营造法式》中的建筑图样就有画法几何思想的萌芽（图1-1-15），比法国学者蒙日的《画法几何》早了700年之久。该书中的图样绝大多数包含正投影、斜投影和中心投影的作图法，但没有形成画法几何的理论体系。

　　宋代《营造法式》对建筑群、建筑单体、建筑构件及装饰构件与纹样都通过平面图、立面图、侧面图、轴测图和透视图进行详细表达（图1-1-16～图1-1-18）。

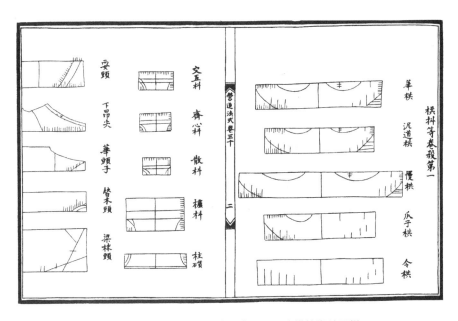

图1-1-15 《营造法式　卷三十　二》斗栱等卷杀图样

图1-1-16 《营造法式卷　三十二　十九》中建筑立面及其细部

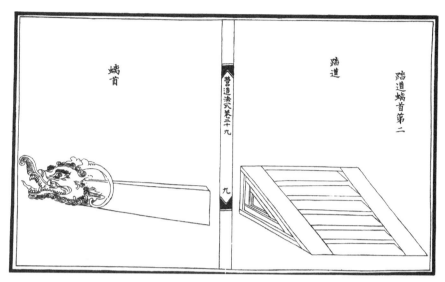

图1-1-17 《营造法式　卷二十九　九》中细部构件图样

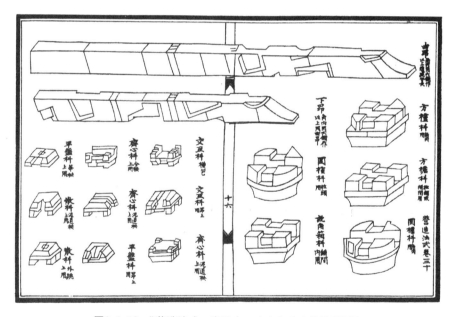

图1-1-18 《营造法式　卷三十　十六》中木构件轴测图

古人称建筑为"营造"。它要求将建筑的外观造型、形状、内部结构、设备等准确而详尽地表达于平面上。清代"样式雷"是对清代200多年间主持皇家建筑设计的雷姓世家的誉称。现存的"样式雷"建筑样图，涵盖了众多类型，比如投影图、正立面、侧立面、旋转图、等高线图等，工程的每一个细节、每一个结构的尺寸，全部有所记载。此外，"样式雷"还画了"现场活计图"，即施工现场的进展图，从这批图样中，可以清楚地看到陵寝从选址到地基挖掘，再到基础施工，从地宫、地面、立柱，直到最后屋面完成，均体现了"样式雷"在建筑施工程序中的过程。同时，被称作"烫样"的建筑设计模型则是流传至今的"样式雷"图档中另一个组成部分。

1.1.4　西方历史上建筑的图呈

古埃及时期，许多大型建筑在建造前均通过简陋的平面图和立面图绘制建筑方案，平面图考虑建筑物以及它和地形间的种种关系，利用立面图来设计建筑的功能与形式，立面图上除了一些细部装饰之外，还利用红色的方格控制立面的比例关系，通过二维空间的表现方式与基准物的配合从事设计思考。

古希腊时期，有进一步的图面表现形式。公元前3000年前后，建筑师画在泥板上的平面图已经与今日惯用的平面表示法十分接近：它包含了以双线表示的墙的厚度以及不同空间之间的进出口，不够明确之处还通过立面、剖面，甚至陶土或蜡像的模型进行表现。

古罗马时期，二维空间图已初具空间变化性，建筑师充分运用与发展平面图、立面图和剖面图作为表现建筑意念的形式。

图1-1-19　早期西方建筑图

文艺复兴时期，在基本做法上继承了传统方式，利用二维图形（平面图、立面图 、剖面图以及透视图）来表现头脑中形成的建筑意念，并提出平面图与立面图要对应、有序地排列，再配合剖面图和透视图，使人更直接地感受到立体空间的效应，达到有如模型般的立体效果。

线性透视始于15世纪的意大利，首位讨论线性透视者是莱昂·巴蒂斯塔·阿尔伯蒂（Leon Battista Alberiti）。透视所运用的几何学与商人们交易核算、导航、土地调查、制图和火炮术并无多大差异。这一方法首次应用在城市规划，再到征服国家、管理城市，它们都笼统地被看作风景视图，在都铎王朝、斯图亚特和乔治王时代的英国，风景画的演变与几何学类似，它们主要体现在社会关系对土地的改变上。

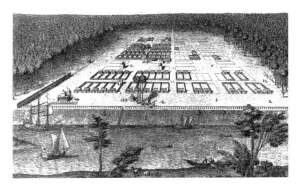

图1-1-20　早期西方城池平面图

早期的建筑图，平面图和立面图是相互孤立的，画在不同的图面中，比例也不一定相同。图1-1-19是1835年文森特·莫斯达特所创作的雕版画，该画利用透视原理展现城市的建筑群。图1-1-20也是雕版画，绘制的是16世纪末法兰西沿海城市加来城池建设布局，特别是对城墙进行了详细的绘制。图1-1-21是依据彼得·戈登（Peter Gordon）的原作制作的雕版图，该图采用一点透视，描绘了街区的尺度、布局及内部组织情况、开放空间及其分布情况、公共建筑的位置等。

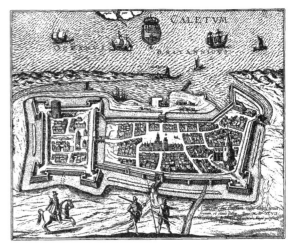

图1-1-21　早期西方城池布局

1.2　现代建筑图呈

1.2.1　投影

投影是将实际物体的形象在图纸上描图下来的一种方法，是工程制图的基础。即透过一个透明平面看物体，将物体的形象在透明平面上描绘出来的方法。透明平面称为投影面，眼睛与物体上点的连线称为投影线，所得到的图像称为投影（图1-2-1）。

图1-2-1　西方古典投影图

投影的概念源自生活。在日常生活中，我们看到物体在灯光或阳光的照射下，会在墙面或地面产生影子，这种现象就是自然界的投影现象。人们从这一现象中认识到光线、物体、影子之间的关系，归纳出表达物体形状、大小的投影原理和作图方法，并决定投影的三要素——投影线、投影面和物体。三者及其相互间的关系不同，就形成不同的投影法（图1-2-2）。

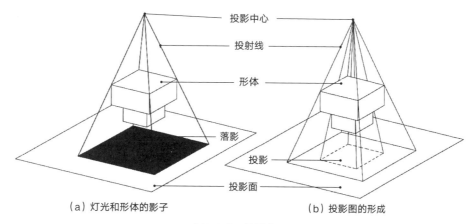

（a）灯光和形体的影子　　　（b）投影图的形成

图1-2-2　投影体系

1.2.2　投影的类型

投影法是从点光源发出的光线照射物体，在平面上产生影子的概念抽象出来的一种图示方法。建筑工程中常见的投影类型有中心投影、平行投影（正投影、斜投影）和标高投影（图1-2-3、表1-2-1）。

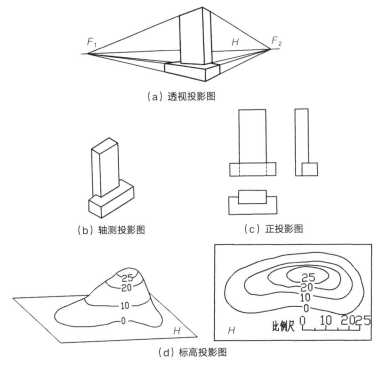

（a）透视投影图

（b）轴测投影图　　　　（c）正投影图

（d）标高投影图

图1-2-3　常用工程图的投影种类

投影类型　　　　　　　　　　　　　　　　　　　　　　　　　　　表 1-2-1

投影方法	投影类型	投影表示法	图样类型
中心投影	透视投影 E——投影中心 投射线 B A C——物体 b H a c——投影 ——投影面	一点透视	视中线 消失点 视平线

续表

投影方法	投影类型		投影表示法	图样类型
中心投影	透视投影		两点透视	成角透视示意图
			三点透视	
			散点透视	
平行投影	斜投影	斜轴测投影	正等斜轴测	
			水平斜轴测	

投影方法	投影类型	投影表示法	图样类型
平行投影	正轴测投影 正投影 投影方向	正等轴测	
		正二轴测	
		正三轴测	
	多面正投影	多面正视图	平面图、立面图、剖面图
	单面正投影	标高投影	地形图

1．中心投影

所有投影线汇交于一点（投影中心）的投影方法称为中心投影法。透过一个透明平面看物体，视线（投射线）集中在人眼 E 点上，这是"中心投影"，它表现物体的直观形象，如同我们画实物或拍照，用这种方法做出透视图，在图上不能量出物体的实际尺寸（图1-2-4）。

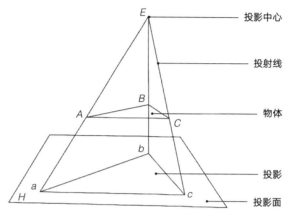

图1-2-4　中心投影法—透视图

2．平行投影

投影线相互平行的投影方法称为平行投影法。平行投影法又可分为斜投影法和正投影法。投影线相互平行且与投影面倾斜的投影方法称为斜投影法。投影线相互平行且与投影面垂直的投影方法称为正投影法。

斜投影是假设视点 E 距物体无穷远，则投射线为平行直线。当投射线和投影面为倾斜的平行线时，是斜平行投影，斜平行投影的图形是轴测图，它能表现物体的立体形象和尺寸（图1-2-5a）。

当投影线垂直于投影面时是正投影，用正投影画建筑的平面图、立面图和剖面图等，它能表现物体的部分真实形状和尺寸（图1-2-5b）。

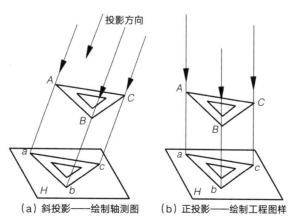

（a）斜投影——绘制轴测图　　（b）正投影——绘制工程图样

图1-2-5　平行投影法

3．标高投影

一种用于表达地形的单面正投影，将地面的等高线正投影在水平的投影面上，并标注每一条等高线的高程数值（图1-2-6）。

1.2.3　现代建筑图的发展

以建筑师的"图学语言"为线索串联，各种渲染图画风五花八门，建筑图的本质是什么？一座建筑是如何被建造起来的？如何在设计好建筑后，模拟建造的过程？一种作为表现图的施工图的存在，线稿剖面图作为富含信息量的图纸，建立在对建筑

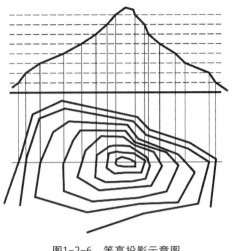

图1-2-6　等高投影示意图

构造的把控之上，对实际项目细节的理解从制图技巧、制图方式原创性、传达建筑思想的能力（无论是概念还是实际的建筑方案）进行评估（图1-2-7～图1-2-9）。

轴测图是一种能同时表达物体多个面的单视点三维视图，传递着一种精准的立体感。相对透视投影而言，轴测图所生成的图像更加多样、灵活，它提供了另一种适于设计图示和图解的

图1-2-7　建筑剖面表达

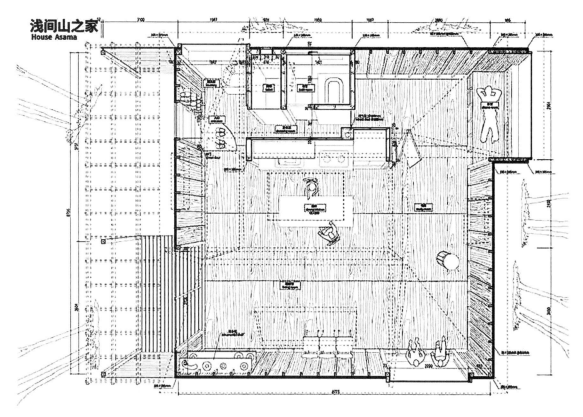

图1-2-8　建筑平面表达

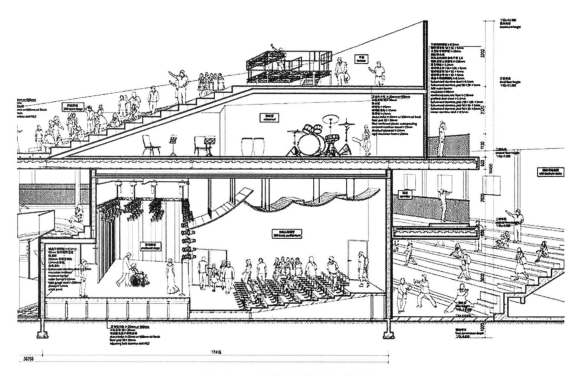

图1-2-9　建筑竖向剖面与构造表达

选择。这种特殊类型的图具有尺度精准、属性抽象、空间自由的优势，使它越来越为建筑表现所偏好。

由轴测图所生成图像的科学性和它与建筑界主流意识的一致性，使其在20世纪后期成为被广泛使用的设计和表现技法。这种特殊类型的图是可度量的和精确的，暗示着理性和清晰。它创造了一个不断运动的连续空间，保留了空间的一致性，并提供了多种表现技法和类型的选择。当我们分析建筑时，轴测图比其他类型的图更为有效，它能够为我们理性地剖析和理解建筑空间提供指引；它能呈现设计思想，在设计中亦成为推动建筑构思的工具。

轴测图作为三维空间和形式的再现，是一种媒介和语言，是建筑形式信息交换中的一个重要手段，也是建筑师的内部思维工具。由轴测图所生成图像的精确性、抽象性和自由性，使它成为现代建筑设计领域广泛运用的表现技法。

建筑图呈不仅研究建筑设计的表达，也研究建成环境、建筑遗产的测绘。在一个建筑遗产保护工程里，建筑图呈通过测绘、记录病害、建立数据库等工作为修复提供数据支撑，与建筑修复、建筑历史共同构成了建筑遗产保护的知识体系。近年来，建筑遗产测绘技术经历了从激光扫描到摄影测量、从CAD到BIM的发展，如何评估、改进这些技术在测绘中的应用，都是建筑图学的着眼点。

建筑图呈研究如何表达与再现三维建筑形体与三维空间，将绘图方法融于设计的观念；随着现代信息技术的发展，绘图技术背后的图呈原理——从画法几何迈向计算机图形学的变革与发展；计算机仅仅是设计和绘画的工具，而建筑图呈教学的目的不仅要训练实际的设计和绘图能力，更重要的是培养设计感觉和空间思维；三维点云、城市计算、混合现实等数字化图形图像技术。建筑图学的现代转型，可能是未来建筑学的趋势所在。

【思考】

投影在现代建筑图呈中的应用：

1. 投影的定义以及类型。
2. 投影在建筑图呈表达过程中的应用历史。
3. 投影在现代建筑图呈中的应用方法和途径。

第2章 正投影建筑制图方法

BUILD

2.1 正投影视图

2.2 点、线、面、单体三视正投影

2.3 点、线、面、单体投影相互关系

2.4 组合体投影

» 内容与目标：

　　本章对建筑制图正投影的制图方法进行详细介绍，包括正投影视图、点、线、面、单体三视正投影及其投影的相互关系、组合体投影、剖切投影，有助于学生更好地理解和掌握绘制建筑、形体正投影图的内在规律和基本方法。

» 建议学时：4学时

　　要点： 1．正投影在建筑制图中的应用思路。

　　　　　　2．正投影的定义和类型。

　　　　　　3．正投影在现代建筑图学中的应用方法和途径。

» 参考书目：

[1]　李国生．建筑透视与阴影[M]．第5版．广州：华南理工大学出版社，2018．

[2]　钟训正，等．建筑制图[M]．第3版．南京：东南大学出版社，2009．

2.1   正投影视图

2.1.1   三投影面体系

1．投影面

通常将物体的正立投影面称为 V（正面），将水平投影面称为 H（水平面），侧立投影面称为 W（侧面）。三面投影体系由三个互相垂直的投影面组成。

2．投影轴

三个投影面互相垂直建立三面投影体系，投影面的交线称为投影轴，为方便使用，和三维坐标系类似，分别用 OX、OY、OZ 表示，三根轴的交点 O 称为原点，V（正面）⊥H（水平面）的交线称为 OX 轴，H（水平面）⊥W（侧面）的交线称为 OY 轴，V（正面）⊥W（侧面）的交线称为 OZ 轴（图2-1-1）。

2.1.2   三视正投影图的生成

三视图为物体投影到三个投影面的图像（图2-1-2），其中正面图与平面图长对正，正面图与侧面图高平齐，平面图与侧面图宽相等（图2-1-3）。

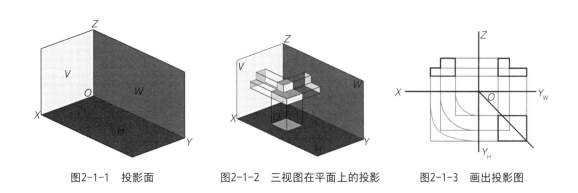

图2-1-1　投影面　　　　　图2-1-2　三视图在平面上的投影　　　　　图2-1-3　画出投影图

2.2   点、线、面、单体三视正投影

2.2.1   点的三面投影

1．点的三面投影的形成

A 点在水平面（H）的投影为 a，在正面（V）的投影为 a'，在侧面（W）的投影为 a''（图2-2-1、图2-2-2）。

2．点的投影规律

a'到a_Z的距离与a到a_Y的距离相等，都平行于x轴（图2-2-3、图2-2-4）。

$a'a_X=a''a_Z$

$a''a_Z=aa_Y$

$a'A \perp a_X o$（长对正）

$Aa' \perp a'a_Z$（高平齐）

$a'a_Z \perp aa_X$（宽相等）

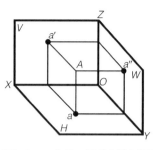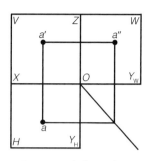

图2-2-1　点的三面投影轴测图　　图2-2-2　点的三面投影

2.2.2　各种位置直线的三面投影

直线的投影——直线上的任意两点同面投影的连续，直线的投影仍为直线，特殊情况下为一点（图2-2-5）。

1．投影面平行线——与一个投影面平行，而与另两个倾斜的直线有三种情形

1）水平线：与H面平行，与V、W面倾斜

该情形的投影有三点特性：直线ab与直线AB长度相等；直线$a'b'$平行于X轴；直线$a''b''$平行于Y轴；反映β、γ角的真实大小（图2-2-6）。

2）正平线：与V面平行，与H、W面倾斜

该情形的投影有三点特性：直线$a'b'$与直线AB长度相等；直线$a'b'$平行于面V，直线$a''b''$平行于Z轴；反映β、γ角的真实大小（图2-2-7）。

3）侧平线：与W面平行，与V、H面倾斜

该情形的投影有三点特性：直线$a''b''$与直线AB距离相等；直线$a'b'$平行于Z轴，直线ab平行于面

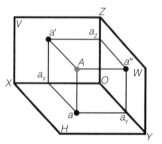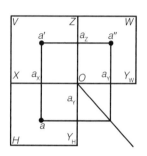

图2-2-3　点的投影规律　　　图2-2-4　点的投影规律
　　　分析图（1）　　　　　　　分析图（2）

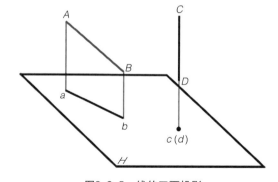

图2-2-5　线的三面投影

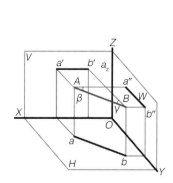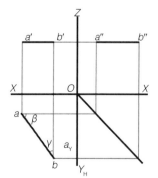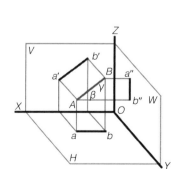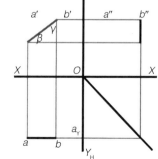

图2-2-6　水平线：与H面平行，与V、W面倾斜　　　　图2-2-7　正平线：与V面平行，与H、W面倾斜

H；反映α、β角的真实大小（图2-2-8）。

2．投影面垂直线——与一个投影面垂直（必与另两个面平行）的直线有三种情形

1）垂直于水平投影面的直线，即铅垂线：与H面垂直，与V、W面平行

该情形的投影有三个特性：点a、点b积聚成一点；直线$a'b'$垂直于X轴，直线$a''b''$平行于面W；直线$a'b'$、直线$a''b''$和直线AB长度相等（图2-2-9）。

2）垂直于正面投影面的直线，即正垂线：与V面垂直，与H、W面平行

该情形的投影有三个特性：点a'、点b'积聚成一点；直线ab垂直于X轴，直线$a''b''$平行于Y轴；直线ab、直线$a''b''$和直线AB长度相等（图2-2-10）。

3）垂直于正面投影面的直线，即侧垂线：与W面垂直，与V、H面平行

该情形的投影有三个特性：点a''、点b''积聚成一点；直线ab垂直于面W，$a'b'$平行于X轴；直线ab、直线$a'b'$和直线AB长度相等（图2-2-11）。

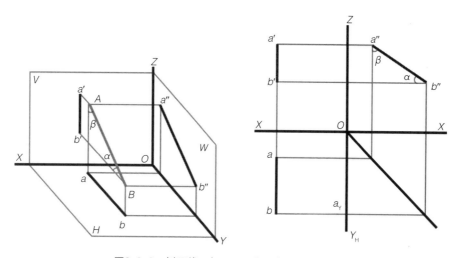

图2-2-8　侧平线：与W面平行，与V、H面倾斜

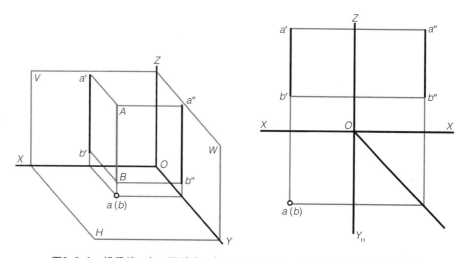

图2-2-9　铅垂线：与H面垂直，与V、W面平行；垂直于水平投影面的直线

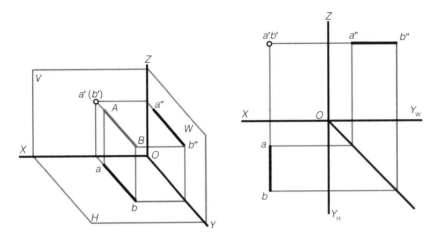

图2-2-10　正垂线：与V面垂直，与H、W面平行；垂直于正面投影面的直线

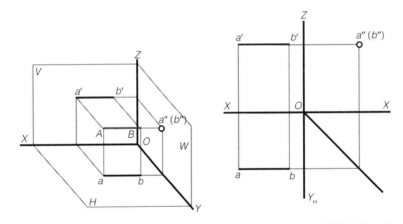

图2-2-11　侧垂线：与W面垂直，与V、H面平行；垂直于正面投影面的直线

3．一般位置直线与三个投影面都倾斜的直线

该情形的投影有以下特性：直线ab、直线$a'b'$、直线$a''b''$均小于实长，直线ab、直线$a'b'$、直线$a''b''$均倾斜于投影轴；且角α、β、γ的投影与实际角度不符（图2-2-12）。

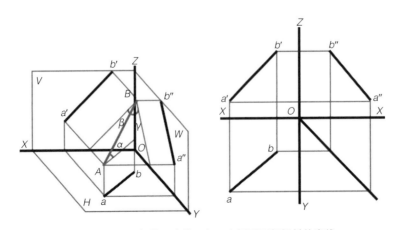

图2-2-12　一般位置直线：与三个投影面都倾斜的直线

2.2.3　面的三面投影

1．投影面平行面——与一个投影面平行，而与另两个面垂直的平面

1）水平面：与 *H* 面平行，与 *V*、*W* 面垂直

该情形的投影有以下特性：水平投影 *abc* 反映△*ABC*实形，*a'b'c'*、*a"b"c"* 分别积聚为一条线，三面投影为一框两线（图2-2-13）。

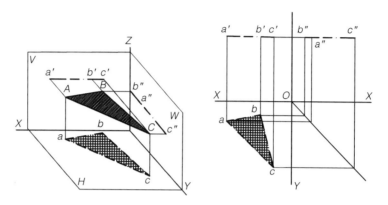

图2-2-13　水平面：与 *H* 面平行，与 *V*、*W* 面垂直

2）正平面：与 *V* 面平行，与 *H*、*W* 面垂直

该情形的投影有以下特性：（一框两线）正面投影 *abc* 反映△*ABC*实形，*a'b'c'*、*a"b"c"* 分别积聚为一条线，因此形成一框两线的三面投影（图2-2-14）。

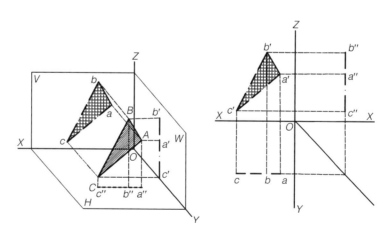

图2-2-14　正平面：与 *V* 面平行，与 *H*、*W* 面垂直

3）侧平面：与 *W* 面平行，与 *V*、*H* 面垂直

该情形的投影有以下特性：（一框两线）侧面投影 *abc* 反映△*ABC*实形，*a'b'c'*、*a"b"c"* 分别积聚为一条线，形成一框两线的三面投影（图2-2-15）。

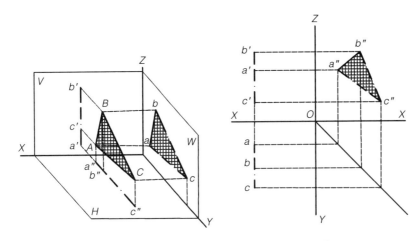

图2-2-15　侧平面：与W面平行，与V、H面垂直

2．投影面垂直面——与一个投影面垂直，而与另两个倾斜的平面

1）铅垂面：与H面垂直，与V、W面倾斜

该情形的投影有以下特性：水平投影abc积聚为一条线，$a'b'c'$、$a''b''c''$为△ABC类似形，abc与OX、OY的夹角反映β、γ角的真实大小，其中一面投影为线、两面投影为图框（图2-2-16）。

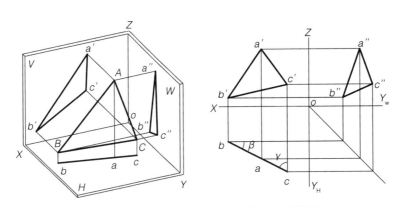

图2-2-16　铅垂面：与H面垂直，与V、W面倾斜

2）正垂面：与V面垂直，与H、W面倾斜

该情形的投影有以下特性：正面投影$a'b'c'$积聚为一条线，abc、$a''b''c''$为△ABC类似形，$a'b'c'$与OX、OZ的夹角反映α、γ角的真实大小，其中一面投影为线、两面投影为图框（图2-2-17）。

3）侧垂面：与W面垂直，与V、H面倾斜

该情形的投影有以下特性：侧面投影$a''b''c''$积聚为一条线，abc、$a'b'c'$为△ABC类似形，$a''b''c''$与OZ、OY的夹角反映α、β角的真实大小，其中一面投影为线、两面投影为图框（图2-2-18）。

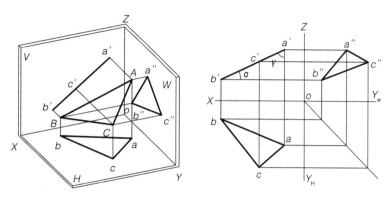

图2-2-17　正垂面：与V面垂直，与H、W面倾斜

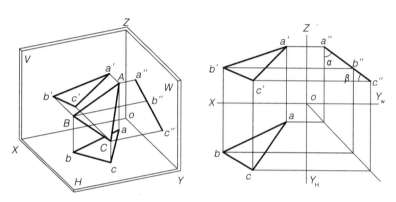

图2-2-18　侧垂面：与W面垂直，与V、H面倾斜

3．一般位置平面——与三个投影面都倾斜的平面

该情形的投影有以下特性：（三框）abc、$a'b'c'$、$a''b''c''$均为$\triangle ABC$类似形，不反映α、β、γ角的真实大小，三面投影都为图框（图2-2-19）。

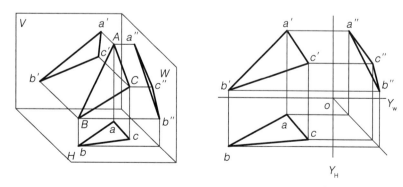

图2-2-19　一般位置的平面及其投影

2.3　点、线、面、单体投影相互关系

2.3.1　直线上点的投影

直线上的点具有两个特性：

1）从属性：若点在直线上，则点的各个投影必在直线的各同面投影上。利用这一特性可以在直线上找点，或判断已知点是否在直线上。

2）定比性：属于线段上的点分割线段之比等于其投影之比。即：

$$AC : CB = ac : cb = a'c' : c'b' = a''c'' : c''b''$$

利用这一特性，在不作侧面投影的情况下，可以在侧平线上找点或判断已知点是否在侧平线。

2.3.2　两直线的相对位置

1．平行两直线

1）若空间两直线相互平行，则它们的同名投影必然相互平行。反之，如果两直线的各个同名投影相互平行，则此两直线在空间也一定相互平行（图2-3-1）。

2）平行两线段之比等于其投影之比。

2．相交两直线

当两直线相交时，它们在各投影面上的同名投影也必然相交，且交点符合空间一点投影的规律，反之亦然（图2-3-2）。

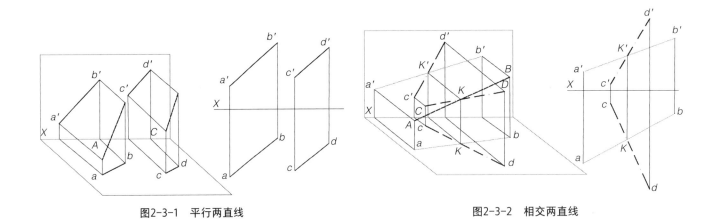

图2-3-1　平行两直线　　　　　　　　　图2-3-2　相交两直线

3．交叉两直线

凡不满足平行和相交条件的直线为交叉两直线（图2-3-3）。

4．交叉两直线重影点投影的可见性判断

判断两重影点其积聚性投影的可见性时，需要看两重影点在另一投影面上的投影，坐标值大的点投影可见，反之不可见，不可见点的投影加括号表示（图2-3-4、图2-3-5）。

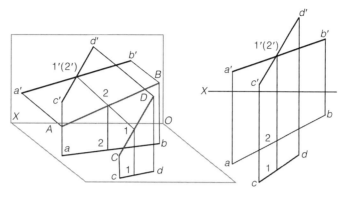

图2-3-3　交叉两直线

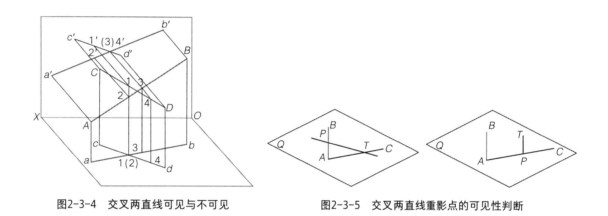

图2-3-4　交叉两直线可见与不可见　　　　图2-3-5　交叉两直线重影点的可见性判断

2.4　组合体投影

2.4.1　形体加法组合

物体a表面平齐叠加，绘图时应注意组合连接处无线。物体b前面齐平、后面不齐平，因此绘图时连接处采用虚线。物体c表面不齐平，绘图时箭头所指连接处画实线（图2-4-1）。两体块相切时，注意箭头所指连接处不画线（图2-4-2）。两体块相接处即箭头所指，该处画图时要画线（图2-4-3）。

2.4.2　形体减法组合

形体减法组合又称为削减法，即切削或挖去基本形体上的一部分体块，以形成前后、内外、高低、虚实、对比等关系，丰富体块层次，在保证体块完整性的同时，形成相对复杂的形式。制图时着重注意内部凹陷遮挡部位用虚线表达（图2-4-4）。

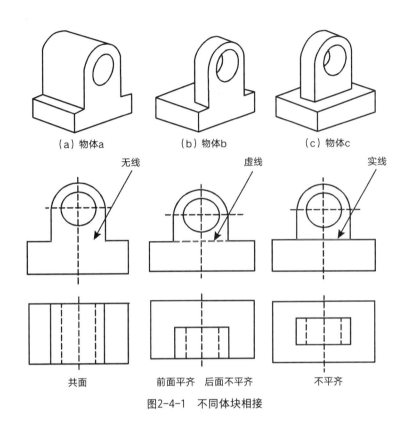

（a）物体a　（b）物体b　（c）物体c

无线　虚线　实线

共面　前面平齐　后面不平齐　不平齐

图2-4-1　不同体块相接

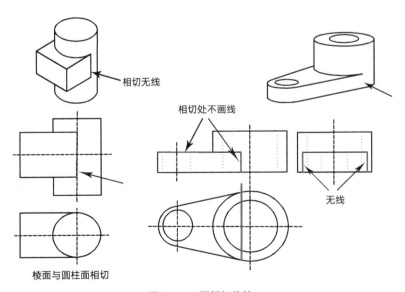

相切无线

相切处不画线

无线

棱面与圆柱面相切

图2-4-2　两相切体块

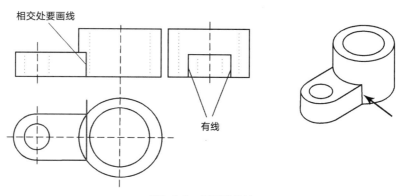

图2-4-3　两相接体块

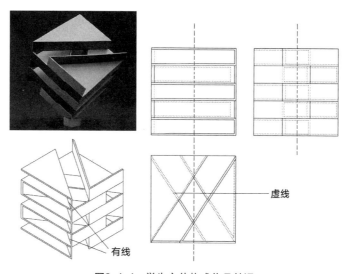

图2-4-4　学生立体构成作品转译

【思考】

掌握正投影在建筑制图中的应用思路：

1．正投影的定义和类型。
2．正投影在现代建筑图呈中的应用方法和途径。

第3章
轴测投影建筑
制图方法

BUILD

3.3　3.2　3.1

轴测投影的建筑表达应用　轴测投影的画法　轴测投影方法

» 内容与目标：

　　本章对轴测投影建筑制图方法进行介绍，包括轴测投影方法、画法以及轴测投影的建筑表达应用，利用轴测图帮助学生进行设计构思，想象建筑体块、形状，以弥补正投影图的不足，同时作为辅助图样，来说明建筑空间的结构、使用等情况。

» 建议学时：4学时

　　要点： 1．轴测投影在现代建筑图学中的应用思路。

　　　　　　2．了解轴测投影的方法。

　　　　　　3．学会轴测投影的画法。

　　　　　　4．分析轴测投影在现代建筑图学中的表达应用。

» 参考书目：

[1]　李国生．建筑透视与阴影[M]．第5版．广州：华南理工大学出版社，2018．

[2]　钟训正，等．建筑制图[M]．第3版．南京：东南大学出版社，2009．

　　正投影图能够完整、准确地表达形体的形状和大小，且作图简便，所以在工程中被广泛应用。但这种图立体感差，不能反映出立体的空间形象，要具有一定的读图能力才能看得懂图。

　　轴测投影立体感比较强，能同时反映出几个面的形状。但是它的缺点是不能直接反映物体各表面的真实形状和大小，因而度量性差，同时作图较正投影复杂。所以，多数情况下只能作为一种辅助图，用来帮助有需要的人们读懂正投影图。

3.1 轴测投影方法

　　投影图可以比较全面地标识空间物体的形状和大小。但是这种图立体感较差，有时不容易看懂。轴测图富有立体感，但是它不能直接反映物体的真实形状和大小，所以只能作为辅助图样（图3-1-1）。

　　用轴测投影的方法画出来的图形，叫作轴测投影图，简称轴测图。

　　将物体连通确定的坐标轴，向一个与确定该物体的三个坐标面倾斜的投影面投影，所得的平行投影即轴测投影，该投影面称为轴测投影面。

3.1.1 正投影图与轴测图的优缺点

　　正投影图的优点是表达准确、清晰，作图简便，其不足之处是缺乏立体感。

　　轴测图的优点是直观性强，立体感明显，但不适合表达复杂形状的物体，也不能反映物体的实际形状。

　　在工程实践中，正投影图能够较好地满足图示的要求，因此工程图一般用正视图来表达，而轴测图则用作辅助图样（图3-1-2）。

　　按投影方向与轴测投影面之间的关系，轴测投影可分为正轴测投影和斜轴测投影两类。

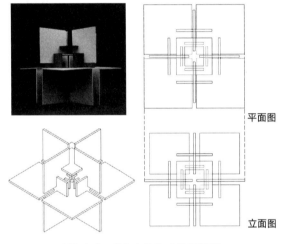

平面图

立面图

图3-1-1　学生立体构成作品转译

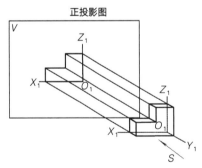

正投影图

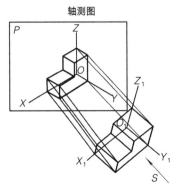

轴测图

图3-1-2　正投影图、轴测图

3.1.2 正轴测投影

当轴测投影的投射方向 S 与轴测投影面 P 垂直时所形成的轴测投影称为正轴测投影，所形成的投影图称为正轴测投影图。正轴测投影图按照形体上直角坐标轴与轴测投影面的倾角不同，又可分为正等测、正二测、正三测。

3.1.3 斜轴测投影

当投影方向 S 与轴测投影面 P 倾斜时所形成的轴测投影称为斜轴测投影，所形成的投影图称为斜轴测投影图。斜轴测投影图按所选定的轴测投影图不同，可分为正面斜轴测图和水平斜轴测图（图3-1-3）。

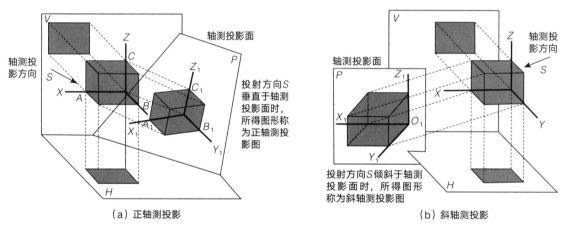

（a）正轴测投影　　　　　　　　　　　　（b）斜轴测投影

图3-1-3　正轴测投影和斜轴测投影

3.2　轴测投影的画法

画轴测投影图的基本方法是坐标法，结合轴测投影的特性，针对形体形成的方法不同，还可以采用叠加法和切割法。

画轴测投影图的一般步骤如下：

（1）读懂正投影图，进行形体分析并确定形体上的直角坐标位置。

（2）选择合适的轴测图种类和观察方向，确定轴间角和轴变形系数。

（3）根据形体的特征选择作图的方法，常用的作图方法有：坐标法、切割法、叠加法。

（4）作图时先绘底稿线。

（5）检查底稿是否有误，确定无误后加深图线。不可见部分通常省略，不画虚线。

3.2.1　坐标法

画三棱锥的正等轴测图（图3-2-1）。

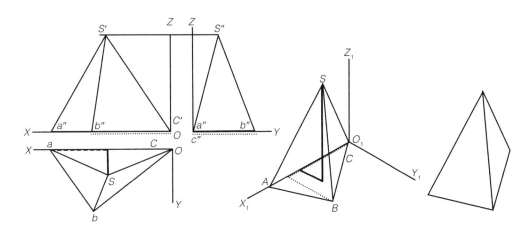

图3-2-1　三角锥的正等轴测图

3.2.2　叠加法

1．步骤一：（1）画出轴测轴；（2）作出四棱柱底板的轴测图；（3）作出柱身的轴测图；（4）作出四个支撑板的轴测图（图3-2-2）。

2．步骤二：（1）画出轴测轴；（2）作出柱身的轴测图；（3）作出支撑板的轴测图；（4）擦去多余线条，并加深可见部分（图3-2-3）。

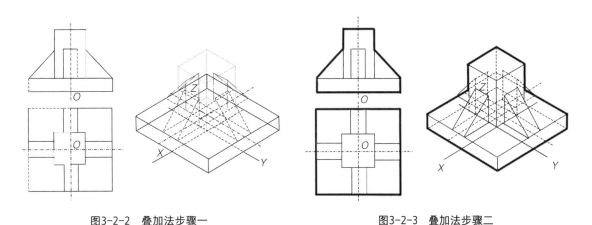

图3-2-2　叠加法步骤一　　　　　　　　　　图3-2-3　叠加法步骤二

3.2.3　切割法

1．步骤一：（1）画出轴测轴；（2）作出梯台的轴测图；（3）擦去多余线条（图3-2-4）。

2．步骤二：切割两侧（图3-2-5）。

3．步骤三：切割中间部分（图3-2-6）。

4．步骤四：擦去多余线条，完成（图3-2-7）。

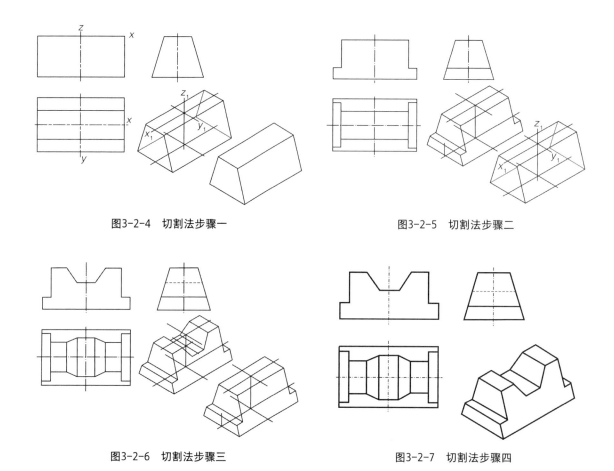

图3-2-4　切割法步骤一　　　　　　　　图3-2-5　切割法步骤二

图3-2-6　切割法步骤三　　　　　　　　图3-2-7　切割法步骤四

3.2.4　轴测投影的选择

1）应尽可能多地表达清楚物体各部分的形状和结构特征。

2）作图方便、简洁。

3.2.5　绘制轴测投影图应注意几个方面

1）轴测投影方向的选择，应尽可能多地看到物体各个部分的形状和特征。

2）选择轴测投影图时，应尽可能看全物体上的通孔、通槽等细节。

3）选择轴测投影图时，应避免物体上某个或者某些棱面积聚成一条直线。

4）选择轴测投影图时，应避免物体上转角处不同棱线在轴测投影图中共线。

3.3　轴测投影的建筑表达应用

相比于透视图，轴测图能更清晰地表达建筑内部与外部的空间变化、建筑的体形关系，成为现代建筑设计中的一种重要表达方式。许多设计师在进行设计时都会绘制轴测图进行方案的推敲（图3-3-1）。

画轴测图时，物体上凡是与坐标轴平行的直线段，就可沿轴向进行测量和作图。所谓的"轴测"就是"沿轴向测量"。

轴测图有三个特性：（1）轴测图中的三个轴测轴分别对应空间坐标体系中的三个坐标轴x、y、z；（2）凡平行于坐标轴的直线，在轴测图中平行于相应的轴测轴；（3）凡平行于轴测轴的直线可以按比例（轴向伸缩系数）绘制，即物体上的平行线投影后仍相互平行，且变形的比例相同。

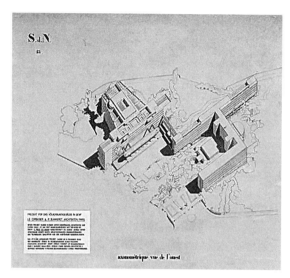

图3-3-1　柯布西耶万国宫设计图

3.3.1　轴测图的类型

1．正轴测图

1）正等轴测图：三个面变形一致，作图方便。三轴比例一致，即三轴伸缩比例一致，为1:1:1，实际长度比作图长度比为0.82:1，与轴平行的直线长度不变，轴测轴间距均为120°。画正轴测图时可使用丁字尺和三角板辅助作图（图3-3-2、图3-3-3）。

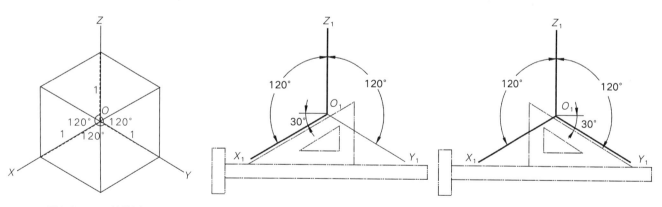

图3-3-2　正等轴测图　　　　　　　　　　　　　图3-3-3　正等轴测图尺规作图

2）正二轴测图：两个面变形一致，剩下一个面不同（图3-3-4）。

3）正三轴测图：三个面变形不一致，作图复杂，但效果较好。三轴伸缩比例不同，但常取的比例为0.9:1:0.6（图3-3-5）。

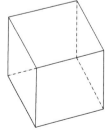
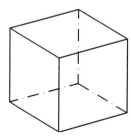

图3-3-4　正二轴测图　　　　图3-3-5　正三轴测图

2．斜轴测图

1）立面斜轴测图：正面无变形，剩余两面变形，可表现较为复杂立面形态的建筑物（图3-3-6）。为方便作图，可以取倾斜的轴测轴与水平线的夹角为0°、15°、30°、45°、60°、75°或90°（图3-3-7）。

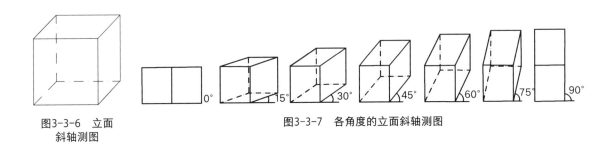

图3-3-6 立面
　　　　斜轴测图

图3-3-7 各角度的立面斜轴测图

2）水平斜轴测图：以水平投影面或水平面作为轴测投影面所得到的斜轴测图（图3-3-8）。顶面无变形，剩余两面变形，可表现较为准确的平面布局。画图时，使O_1Z_1轴竖直，O_1X_1与O_1Y_1保持直角，O_1Y_1与水平成30°、45°或60°等（图3-3-9）。

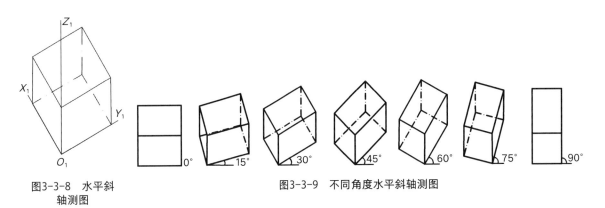

图3-3-8 水平斜
　　　　轴测图

图3-3-9 不同角度水平斜轴测图

垂直轴测轴的变形系数可以为1、0.8或0.5（图3-3-10）。

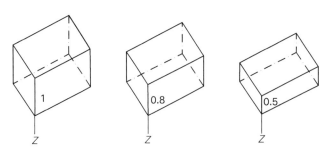

图3-3-10 垂直轴不同形变系数形成的水平斜轴测图

垂直轴测轴与水平线的夹角可以取垂直也可以是30°、45°、60°或90°等（图3-3-11）。

3）两面轴测图：仅有两个面，缺乏立体感。为方便作图，通常取两个面的变形系数均为1（图3-3-12）。

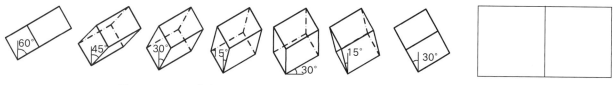

图3-3-11　不同角度垂直轴形成的水平轴测图　　　　　图3-3-12　两面轴测图

绘制轴测图表现建筑效果时应有目的地选择轴测图类型，一般优先选择绘图简便的正等轴测图，效果欠佳时才选择正二轴测图、正三轴测图等（图3-3-13）。

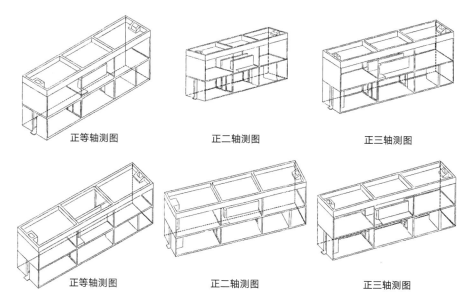

图3-3-13　不同类型轴测图对比

3.3.2　常见轴测图的应用

正等轴测图：给建筑三个可见面以同样的表达，没有缩比，便于使用30°、60°三角板绘制。正等轴测图较斜轴测图看起来显得更真实、自然，但此类图中建筑或物体的立面和平面无法反映实形，在使用上受到了一定限制。如图3-3-14a所示，采用正等轴测图形式，屋顶与侧墙被移走，室内空间及陈设一览无余（这种类型又称剖视轴测图）。

斜二轴测图（简称斜二测图）：建筑的立面在图中不变形，作图简便，使用广泛，如图3-3-14b所示。

斜等轴测图：由于水平投影不变形，所以图中的圆形、四边形等几何形是根据实际大小而来，均不变形，易于绘制，如图3-3-14c所示。

俯视轴测图（又称鸟瞰轴测图）：即俯视的角度，可以表现建筑的外部轮廓、空间、与周围环境的比例等。观者的位置高于建筑的顶面，符合人的视觉习惯，大多情况下都采用这种形式（图3-3-15）。

（a）美国密西根安阿伯冰山退休健康中心

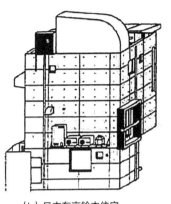
（b）日本东京铃木住宅

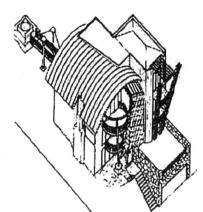
（c）美国旧金山湾山坡上的舒氏盒子

图3-3-14　轴测图的应用

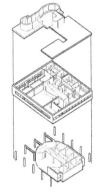

图3-3-15　俯视轴测图

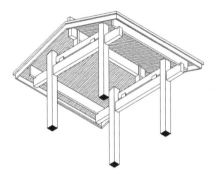

图3-3-16　仰视轴测图

仰视轴测图（又称虫视轴测图）：即仰视的角度，可以表现建筑的内部结构、空间等，特别是顶部变化丰富时可采用仰视轴测图（图3-3-16）。观者从下往上仔细观察建筑，有助于全面理解一个设计的结构秩序。此方法最初被19世纪的奥古斯特·乔尔西创造并运用。这类图可以很好地表现天花或挑檐底面与墙体的关系，不利之处是它有时难以解读。

仰视与俯视结合：即在一幅图中，同时有仰视和俯视，使观者同时理解建筑的形式、组织和设计的几何构成全貌。

分层轴测图：可表达建筑内部的空间和实体在垂直方向上的相互联系（图3-3-17）。

分解轴测图：将建筑物的各个部件分解绘制，表达装配式建筑各构件间的相互关系（图3-3-18）。

透明轴测图：透明轴测是指将建筑物的某些外部构件及外轮廓视为透明，以虚线或者其他方式表现，使得建筑物的内部空间可以表达出来（图3-3-19）。

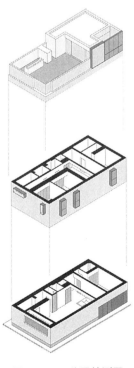

图3-3-17　分层轴测图

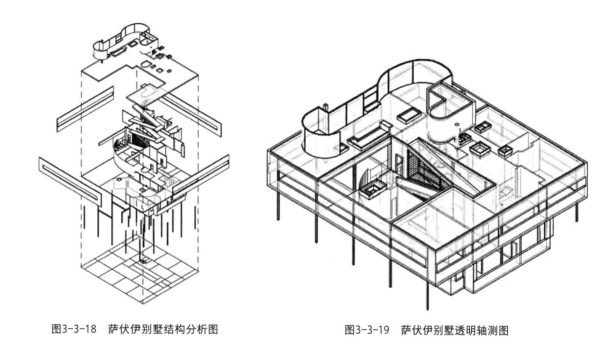

图3-3-18　萨伏伊别墅结构分析图　　　　　图3-3-19　萨伏伊别墅透明轴测图

　　工程实践证明，轴测图虽不具备透视图的渐变特性，模拟真实视觉感受，但由于具有保持真实尺度、细部和三维信息的优势，已成为验证与说明建筑空间和三维关系的上佳工具。

　　模型照片适合表现建筑整体形态、建筑与周围环境关系，也可辅助表现局部透视场景光影效果（白天、夜晚）。透视图、轴测图和模型照片均应考虑适宜的光影效果表达。

【思考】

轴测投影在建筑制图中的应用思路：

1．轴测投影的定义以及类型。
2．轴测投影在现代建筑图学中的应用方法和途径。

第4章 标高投影建筑制图方法

BUILD

4.2　4.1

标高投影的应用　标高投影的表达

» 内容与目标：

　　本章对标高投影建筑制图方法进行介绍，包括标高投影的表达及应用部分内容，标高投影是一种标注高度数值的单面正投影，使学生充分掌握点、线、面的高度数值，表达空间形态、形体的方法。

» 建议学时：4学时

要点： 1．标高投影在现代建筑图学中的应用思路。

　　　　 2．了解标高投影的表达。

　　　　 3．分析投影在现代建筑图学中的应用方法和途径。

» 参考书目：

吴机际．园林工程制图[M]．第4版．广州：华南理工大学出版社，2012.

4.1　标高投影的表达

　　在标高投影中，用一系列水平面与曲面相交，得到一系列交线 —— 即等高线，画出这些等高线的标高投影就得到曲面的标高投影。(图4-1-1)

　　以正圆锥面为例：

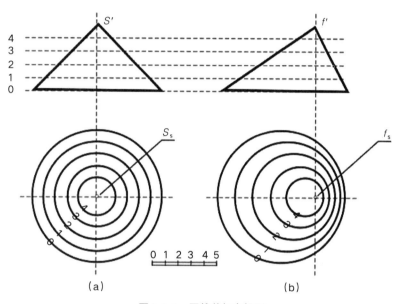

图4-1-1　圆锥的标高投影

　　正圆锥面等高线的特性：

　　1．等高线都是同心圆；

　　2．等高线高差相等时其水平间距（即半径差）也相等；

　　3．锥面坡度越陡，等高线越密；锥面坡度越缓，等高线越疏；

　　4．当圆锥面正立时，等高线越靠近圆心，标高数值越大；当圆锥面倒立时，则相反。

　　山地表面一般是不规则曲面，地面的标高投影图称为地形图。以一系列整数标高的水平面与山地相截，把所有的等高截交线正投影到水平面上，便得到一系列不规则形状的等高线，注上相应的标高值，就得到一个山地的标高投影图（图4-1-2）。

　　地形断面图。如果以一个铅垂面截切山地，如图4-1-3的剖切平面1-1（通常剖切平面设置为正平面），可作出山地的断面图。为此可先作一系列等距的正数高度线，然后从断面位置线1-1与地面等高线的交点作竖直连线，在相应高度线上定出各点，再连接起来。断面处山地的起伏情况，可从该断面图上形象地反映出来。

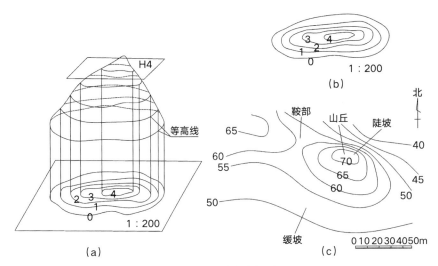

图4-1-2　山地标高投影图

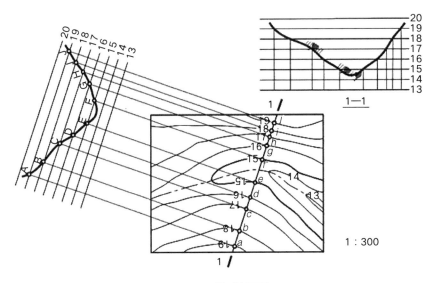

图4-1-3　地形断面图

4.2　标高投影的应用

为排雨水畅快，场地常做成坡地，坡度根据设计需要而定，场地标高表示方法有下列四种：

1．箭头表示法。用箭头表示坡向，场地及建筑室外四角各角点注写标高。

2．标高记忆法。凡是角点都注写标高，不画箭头，由此可看出地面各点的高低关系。

3．坡面分解法。绘出地面不同坡度的各个分界线，但此线不是等高线，线的两端注写标高。

4．等高线法。地面上同一标高的点相连成线，用曲线（或直线）描绘柔性地面（如土地、沥青路面），用直线描绘刚性地面（砖石铺装或混凝土地面）。

表达场地中地形的起伏情况，以某市生态科技产业园展示馆室外景观标高图为例：

提取图纸中等高线（图4-2-1）。

根据提取出的等高线，做地形断面图1-1，具体过程如图4-2-2所示。

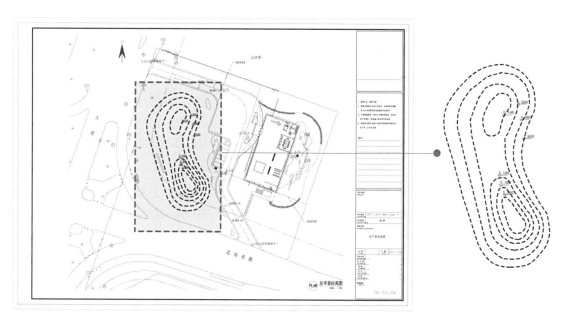

图4-2-1　等高线提取示意图

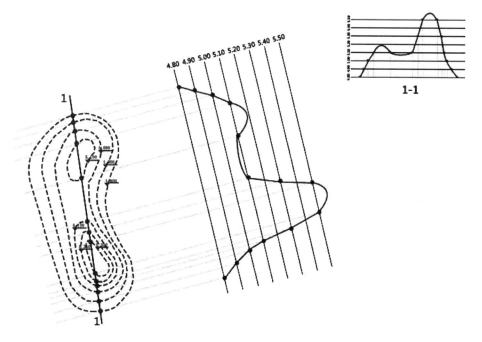

图4-2-2　地形断面图绘制

【思考】

标高投影在现代建筑图呈中的应用思路：

1．了解标高投影的方法。

2．学会标高投影的画法。

3．分析标高投影在现代建筑图呈中的表达应用。

第5章 透视投影建筑制图方法

BUILD

5.1 透视基本概念

5.2 透视基本规律

5.3 透视图基本作图法

5.4 透视作图简法

» 内容与目标：

　　本章对透视投影建筑制图方法进行介绍，为重点章节，包括透视的基本概念、规律、基本作图法，以及透视作图简法、鸟瞰图的透视、建筑单体和室内空间的透视方法。透视图属于中心投影。透视图是从某个投射中心将物体投射到单一投影面上所得到的图形，以获得一种节点视觉的效果。

» 建议学时：4学时

　　要点： 1．透视投影在现代建筑图学中的应用思路。

　　　　　　2．了解透视投影的定义以及基本作图法。

　　　　　　3．分析透视投影在鸟瞰图中应用的方法和途径。

　　　　　　4．分析透视投影在建筑单体中应用的方法和途径。

　　　　　　5．分析透视投影在室内空间中应用的方法和途径。

» 参考书目：

[1]　李国生．建筑透视与阴影[M]．第5版．广州：华南理工大学出版社，2016．

[2]　钟训正，等．建筑制图[M]．第3版．南京：东南大学出版社，2009．

5.1　透视基本概念

透视，即"透而视之"。人通过某一个透明的投影面看物体时，观看者的视线与该画面相交形成的中心投影就是该物体的透视图。人距离该物体越近，看到的透视投影越大；人距离该物体越远，看到的透视投影越小，即透视的"近大远小"现象（图5-1-1）。

5.1.1　透视的作用

透视在建筑设计领域具有重要作用与广泛应用。绘制建筑透视图能够将形体在二维画面上立体地表现出来。一方面，有利于建筑设计师对方案进行构思、推敲、比较、改

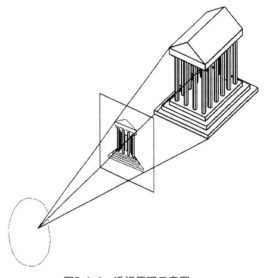

图5-1-1　透视原理示意图

进；另一方面，透视图也能比较直接、形象地将设计师的设计意图和理念传递给别人，方便非专业人士对建筑的理解，并提出修改建议，以便于做出更优秀的设计方案（图5-1-2）。

图5-1-2　设计手绘透视图
（来源：梁盈章 绘）

5.1.2　透视作图的常用术语

如图5-1-3所示：

1. 画面（$P.P.$）：视点和人之间的一个假设垂直面，其与地面（$G.P.$）垂直；

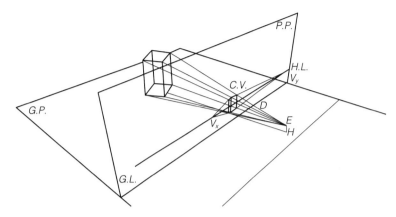

图5-1-3　透视术语

2．地面（$G.P.$）：也称为基面或者水平面，它为建筑所在的地平面；

3．地平面（$G.L.$）：画面与地面相交的水平线；

4．视点（E）：人眼的位置；

5．视线：视点与被看物体之间的连线；

6．视平面：视点所在位置的水平面；

7．视高（H）：视点距地面的高度，也是视平线与地平线间的距离；

8．视中心点（$C.V.$）：过视点作垂直于画面的直线，其交点即为视中心点；

9．视距（D）：视点与画面的垂直距离，也是视点到视中心点的距离；

10．直线的迹点N和灭点V，以及基灭点v。

直线AB与画面的交点N为直线的迹点，AB上无穷远的点的透视V为直线的灭点。NV是画面后无限长直线的透视，称为全长透视（图5-1-4）。

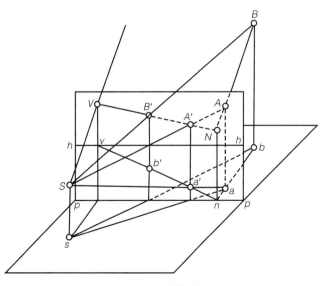

图5-1-4　全长透视

相互平行的直线，有共同的无穷远点，即具有同一个灭点（图5-1-5、图5-1-6）。

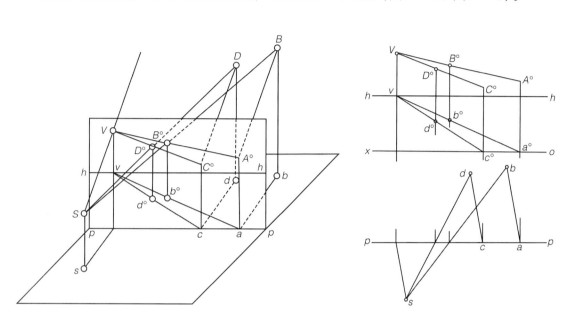

图5-1-5　两平行线的无穷远点示意图　　　　　　　图5-1-6　无穷远点示意图

5.2　透视基本规律

　　建筑物主要由大量的构造面形成，而构造面由构造线形成，构造线包含大量的水平线（长和宽）和铅垂线（高）。因此，想要掌握建筑的透视规律及画法，应先理解和掌握点和线的透视规律和画法。

5.2.1　点的透视

　　空间点A在地平面上的投影为a，在画面上的投影为a'，S为视点。连接SA，与画面相交于$A°$，其为A点的透视；连接Sa，与画面相交于$a°$，其为A点的次透视。平面SAa为铅垂面，该铅垂面与画面的交线$A°a°$为铅垂线。

　　$s'a'$、$s'a_x$是视线SA和Sa在画面上的投影，sa是两个视线在地平面上的投影，过sa与画面的交点，作垂线，可在画面上得出与$s'a'$、$s'a_x$相交的两个交点$A°$和$a°$（图5-2-1）。

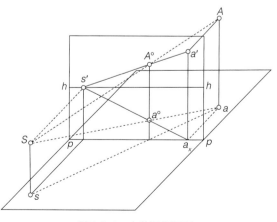

图5-2-1　点的透视原理

　　画图的时候，通常将画面与地面分开，边界可以不画（图5-2-2）。

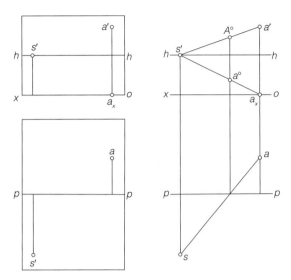

图5-2-2　透视点的画法

5.2.2　直线的透视

1．基面上直线的透视

1）基面上任何直线的灭点都在视平线上（图5-2-3）。

2）基面上垂直于画面的直线，主点就是其灭点（图5-2-4）。

3）基面上通过站点的直线，其透视为一条竖直线（图5-2-5）。

2．水平线的透视

水平线平行于其水平投影，所以水平线的透视及其基透视将交汇于视平线上（图5-2-6）。

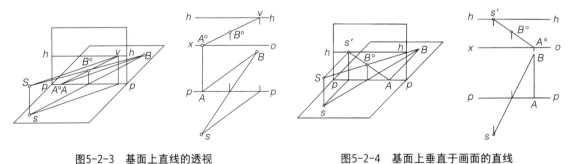

图5-2-3　基面上直线的透视　　　　　　　　图5-2-4　基面上垂直于画面的直线

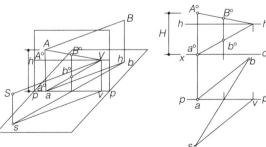

图5-2-5　基面上通过站点的直线　　　　　　图5-2-6　水平线的透视

3．平行于画面的直线的透视

平行于画面的直线，在画面上无迹点和灭点，直线的透视平行于直线本身，基透视平行于基线（图5-2-7）。

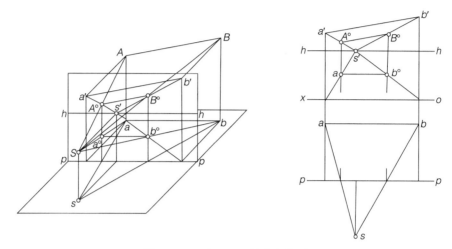

图5-2-7　平行于画面的直线的透视

4．铅垂线的透视

铅垂线平行于画面，其透视与直线本身平行，为一条竖直线。

位于画面内的铅垂线，其透视反映了自身的真实高度，故称为真高线。利用真高线便于根据高度作出其透视图（图5-2-8）。

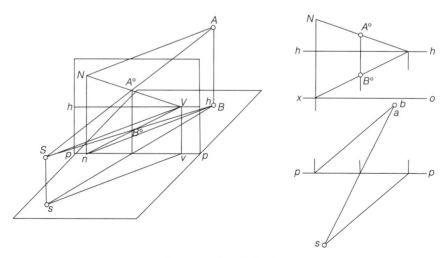

图5-2-8　铅垂线的透视

5.3　透视图基本作图法

5.3.1　视锥

视锥为以人眼所在位置为顶点，顶角为60°的圆锥。在水平投影和垂直方向都应保持在60°角范围内，以避免透视失真（图5-3-1）。

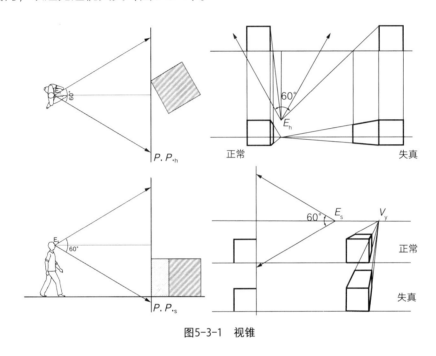

图5-3-1　视锥

5.3.2　视高

视高为视点到地面的距离。不一样的视高，所产生的透视效果存在差异（图5-3-2）。

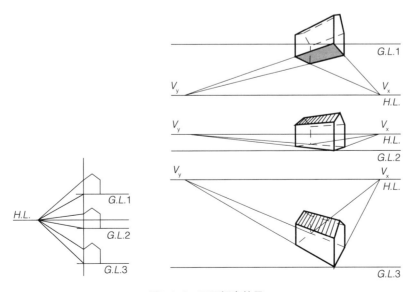

图5-3-2　不同视高效果

1）仰视：视点在地平线以下，一般为表现建筑高大、宏伟的感觉采用仰视。

2）平视：视点在地平线以上，一般符合成年人体的正常高度，这个角度的建筑效果图比较贴近人眼看到的效果。

3）俯视：视点在地平线以上，并且处于较高的位置，形成的效果图一般称为鸟瞰图，适合比较大的场景，方便判断建筑间的位置关系、尺度及空间关系等。

5.3.3　视距

视距为视点到画面的垂直距离。在观察一座建筑物的时候，保持视高恒定，人距离建筑物越近，看到的画面越大，并且透视线越陡峭，"形变"越大；人距离建筑物越远，看到的画面越小，透视线越缓，建筑"形变"越小（图5-3-3）。

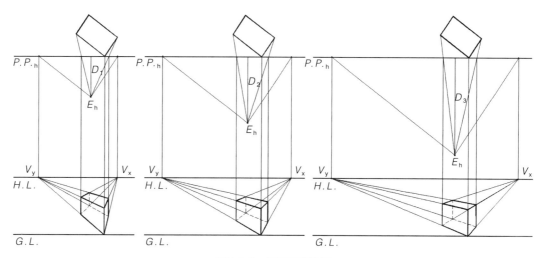

图5-3-3　不同视距效果

5.3.4　建筑物与画面的角度

视高、视距保持不变，建筑物与画面角度的差异会使得透视效果大不相同（图5-3-4）。

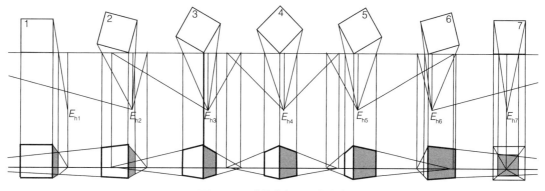

图5-3-4　建筑物与画面的角度

5.3.5　透视图的分类

根据建筑物与画面的相对关系以及透视图灭点数量差异，可以将透视图分为三种，即一点透视、两点透视、三点透视（图5-3-5）。

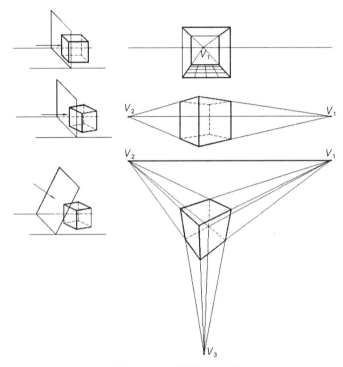

图5-3-5　三种透视示意图

5.4　透视作图简法

5.4.1　建筑透视作图简法的思路

在建筑表达中，很多同学认为几何画法的透视求法太烦琐，就放弃用方法而直接凭感觉画，但这样透视很容易失形。这里介绍一个既快速又准确的作图技巧（图5-4-1、图5-4-2）。

（1）确定要画的透视图的大致范围。

（2）在稍偏下方的位置画一根视平线。

（3）确定灭点，对于两点透视而言，灭点位置在画面之外的情况比较多。

（4）确定建筑高度，画出垂直线，连接各个消失点，大的体块就基本成型。

（5）最后观察一下体块在画面中的位置是否合适、均衡，否则就要调整视平线、等高线和灭点的位置。

在建筑画绘制的过程中，除了一点透视外，最常用的是两点透视。建筑一般是较大体量的物体，因此，对于绘制高层建筑和表达大空间时，时常会用到（图5-4-3）。

图5-4-1　建筑室内效果图
（来源：梁盈章 绘）

图5-4-2　建筑室外效果图
（来源：梁盈章 绘）

图5-4-3　两点透视室外效果图
（来源：梁盈章 绘）

两点透视表现要点：

（1）两点透视是建筑表现中最常用的透视。

（2）确定视平线注意保持水平，不能歪斜。

（3）注意画面中的两个消失点，所有的透视线连接两个灭点。

（4）所有竖向高度线保持垂直。

有些时候，一点透视和两点透视并不能表现出众多的建筑群，在表现大面积的建筑群时，我们会用到三点透视，用于超高层建筑的俯瞰图或仰视图。三点透视的第三个消失点，必须和画面保持垂直，必须使其和视角的二等分线保持一致；三点透视实际上就是在两点透视的基础上多加了一个天点或者地点，即仰视或者俯视，这种透视原理也叫作广角透视。在建筑设计和城市规划设计中经常用到三点透视的俯视画法，即鸟瞰图。

5.4.2　建筑单体透视实例

1．一点透视建筑解析

要点一：构图，在A3纸上对照原参考图片，首先在纸上定出视平线的高低位置；图中水平虚线为视平线，本幅图的视平线在 A3 纸张的横向1/2和偏下1/3处；其次，在视平线上确定消失点的位置；确定视平线和消失点位置后，我们画出建筑基本几何体块的比例关系和透视关系。此步骤关键在于控制画面的构图和形体的透视（图5-4-4）。

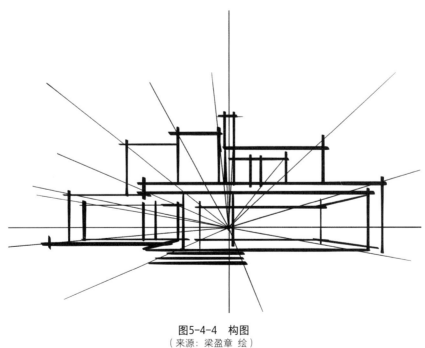

图5-4-4　构图
（来源：梁盈章 绘）

要点二：深化前一步骤，主要的建筑结构和消失点连接，确定建筑空间的围合立面。将建筑空间中的不同墙面、屋顶刻画出来，地面上的水体和其他配景也要整体概括为几个体块关系。这一步骤要时刻注意连接消失点（图5-4-5）。

图5-4-5　深化
（来源：梁盈章 绘）

要点三：继续深入画面，去掉多余的辅助线，深入刻画建筑外墙面的材质和建筑配景。此步骤要注意表现建筑配景和建筑的协调统一关系。

要点四：最后深入画面，建筑配景中的乔木、水体、灌木丛等用线时要和建筑区分开，一般在表达配景时多为植物，注意植物叶子和灌木整体的形状表达；建筑画和建筑配景视为一个整体，光影的统一、线条的虚实、素描关系的处理都是表达的要点（图5-4-6）。

图5-4-6　加入细节
（来源：梁盈章 绘）

2．两点透视建筑解析

　　要点一：首先确定视平线的高度，连接建筑的结构线可以确定画面上的消失点位置。此步骤要注意找画面上的消失点并在图片上进行简单连接（图5-4-7）。

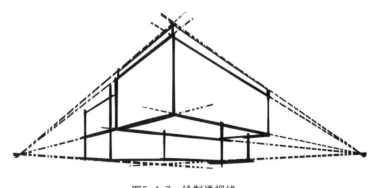

图5-4-7　绘制透视线
（来源：梁盈章 绘）

　　要点二：用概括的方法，把建筑看成多个几何体的组合，然后连接消失点。主体建筑和一些凸凹部分的透视都要认真刻画，根据建筑高低不同决定消失线的倾斜角度，离视平线越远倾斜角度越大。此步骤要注意画面的取舍处理，要以建筑为主去刻画（图5-4-8）。

图5-4-8　绘制建筑体块
（来源：梁盈章 绘）

　　要点三：这一步要丰富画面效果，不仅要把建筑光影关系处理好，还要注意周围环境对建筑的影响。一定要有黑白的对比和疏密的对比，主观处理这些关系很重要；画面的上下、左右均衡很关键，它决定了画面的稳定感和作画者的审美能力。这一步骤主要是画面的艺术处理和氛围的表达（图5-4-9）。

图5-4-9　加入细节
（来源：梁盈章 绘）

3．三点透视建筑解析

要点一：首先确定视平线的高度，在连接建筑的结构线可以确定画面上消失点的位置。此步骤要注意找画面上的消失点并在图片上进行简单连接（图5-4-10）。

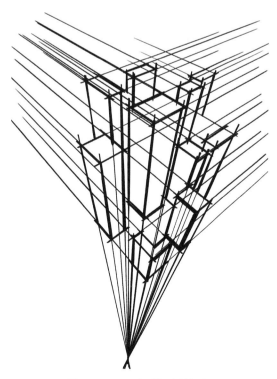

图5-4-10　三点透视建筑解析
（来源：梁盈章 绘）

要点二：用概括的方法，把建筑看成多个几何体的组合，然后连接消失点；主体建筑和一些凸凹部分的透视都要认真刻画，根据建筑高低不同决定消失线的倾斜角度，离视平线越远倾斜角度越大。此步骤要注意画面的取舍处理，要以建筑为主去刻画（图5-4-11）。

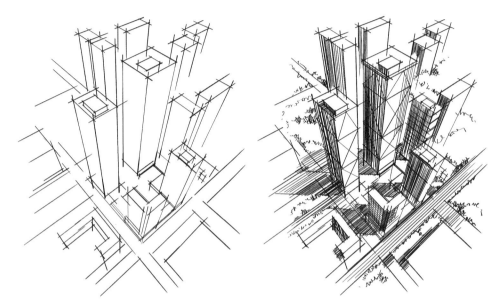

图5-4-11　三点透视建筑画法

【思考】

掌握透视投影在现代建筑图呈中的应用思路：

1．了解透视投影的定义及基本作图法。
2．分析透视投影在鸟瞰图中的应用方法和途径。
3．分析透视投影在建筑单体中的应用方法和途径。
4．分析透视投影在室内空间中的应用方法和途径。

第6章

建筑徒手
制图方法

6.3　6.2　6.1

几何作图方法　制图图纸要求　常用制图工具

BUILD

》 内容与目标：

　　本章对建筑徒手制图方法进行介绍，包括常用制图工具、制图图纸要求，以及几何作图方法，使学生熟练掌握徒手作图的技巧，成为交流、记录、构思、创作的有利工具。

》 建议学时：4学时

　　要点： 1．掌握徒手制图在建筑中的应用思路。

　　　　　2．了解常用制图的工具。

　　　　　3．梳理制图图纸的要求。

　　　　　4．分析几何作图应用的方法和途径。

》 参考书目：

[1]　李国生．建筑透视与阴影[M]．第5版．广州：华南理工大学出版社，2018.

[2]　钟训正，等．建筑制图[M]．第3版．南京：东南大学出版社，2009.

随着人居环境设计行业的发展，对相关设计人员的基础职业素养要求也不断提高。徒手作图的过程是园林、建筑师所需的基本技能，更需要多培养其空间想象力，多画勤练，遵守国家制图规范和标准，养成良好的制图习惯。

6.1　常用制图工具

对于建筑徒手制图，制图工具多样，常见的有绘图板、丁字尺、三角板等。

6.1.1　绘图板

绘图板一般用胶合板制成，主要用来铺放和固定图纸，普通绘图板由框架和面板组成，短边称为工作边，面板称为工作面，尺寸比同号绘图纸略大，常见的有0号、1号、2号等（图6-1-1）。

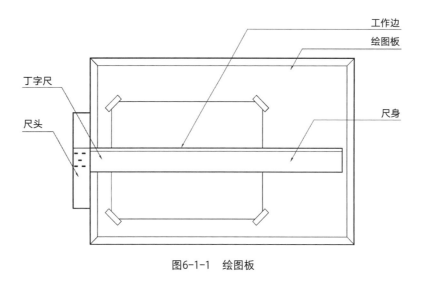

图6-1-1　绘图板

使用注意事项：

1．绘图板不可受潮或高热，以防面板翘曲或开裂。

2．不能用刀或硬质器具在绘图板上任意刻画。

3．固定画纸时，要用胶带纸，不可用其他有破坏作用的方法固定。

6.1.2　丁字尺

丁字尺又称"T"形尺，一般用有机玻璃制成。由相互垂直的尺头和尺身组成，尺身上有刻度的一边为工作边。丁字尺分为1200mm、900mm、600mm三种规格，主要用来画水平线或配合三角板作图。

使用注意事项：

1．作图时，丁字尺的尺头必须紧靠图板的左边侧，右手大拇指轻压尺身，其余手指扶住尺头，稍向右按，尺头靠近图板工作边。

2．画水平线时，自左向右画线；画铅垂线时，三角板靠在丁字尺的工作边上，自下而上画线（图6-1-2）。

3．丁字尺的尺身要求平展、工作边平直、刻度清晰准确。因此，要注意保护丁字尺的工作边，不可用小刀靠住工作边切割图纸。

4．丁字尺不用时应挂放或平放，不能斜倚放置或加压重物，防止压弯、变形。

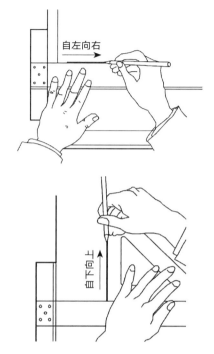

6.1.3 三角板

图6-1-2 丁字尺使用范例

一副三角板有两块，一块是45°等腰直角三角形，另一块是两个分别为30°角和60°角的直角三角形。三角板的大小规格很多，绘图时刻灵活选用，一般选用面板略厚、两直角边有斜坡、边上有刻度或量角刻线的三角板。三角板常与丁字尺配合使用，可画垂直线及与丁字尺工作边成15°、30°、45°、60°、75°等各种斜线（图6-1-3）。

使用注意事项：

1．不能用丁字尺在图板的非工作边作垂线。

2．画线应自左向右，自下而上，不宜颠倒。

3．另外还应注意，利用三角板画线时，可将三角板有斜边的一面朝下，这样能有效防止跑墨，以保证图面清洁。

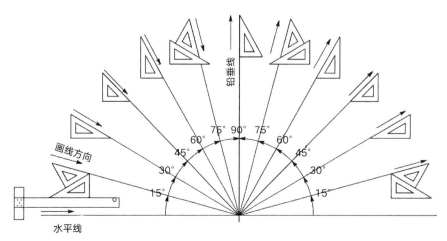

图6-1-3 三角板

6.1.4　比例尺

比例尺又称三棱尺，是刻有各种比例的直尺，用来度量某比例下图上线段的实际长度或将实际尺寸换算成图上尺寸的工具。比例为图上距离与实际距离之比，比值越大，比例就越大，图上的尺寸就越大。常用的比例尺上有六种不同的比例，刻度所注单位是米（m）。

如图6-1-4所示，1：500的比例，但对1：5000、1：50、1：5等比例仍可变通使用。

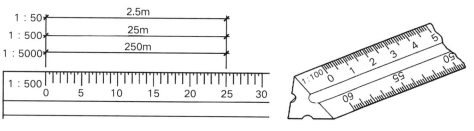

图6-1-4　比例尺

6.1.5　圆规和分规

圆规是画圆和圆弧的工具，一条腿安装针脚，另一条腿可装上铅芯、钢针、直线笔三种插脚。分规常用于量取线段或等分线段，分规的两腿端部均装有固定钢针（图6-1-5、图6-1-6）。

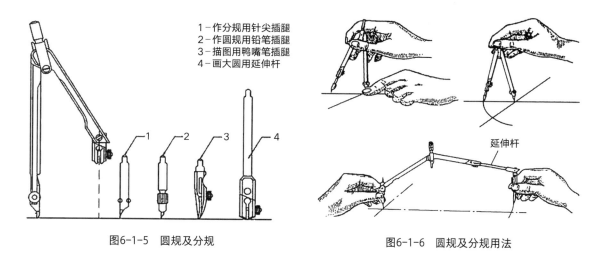

1-作分规用针尖插腿
2-作圆规用铅笔插腿
3-描图用鸭嘴笔插腿
4-画大圆用延伸杆

图6-1-5　圆规及分规　　　　　图6-1-6　圆规及分规用法

使用注意事项：

1. 圆规在使用前应先调整针脚，使针脚稍长于铅芯或直线笔的笔尖，取好半径，对准圆心，并使圆规略向旋转方向倾斜，按顺时针方向从右下角开始画圆，画圆和圆弧都应一次完成。

2. 画半径较大的圆弧时，应折弯圆规的两脚，使两脚与纸面垂直。画更大的圆弧时，要接上延长杆。

3. 另外，铅芯磨成凿形，并使斜面向外。铅芯硬度比同种直线软一号，以保证图线深浅一致。

4．分规使用时，要先检查分规两腿的针尖合拢时是否汇合于一点。分规在等分线段时实际是靠一次次的试分，直到恰好等分为止。

6.1.6　绘图笔

直线笔的笔尖似鸭嘴，所以又称鸭嘴笔。直线笔的笔尖由两片钢片组成，可用螺钉任意调整间距，确定墨线的粗细。用注墨管小心往两钢片之间加4~6mm高度的墨水。

绘图小钢笔（又称蘸水笔）由笔杆、笔尖两部分组成，是用来写字、修改图线的，也可用来给鸭嘴笔注墨。利用笔尖的圆尖、薄扁写出仿宋体的笔画和笔锋。

绘图墨水笔（又称针管笔）是专门用来绘制墨线的，笔内针管有多种规格，供绘图时选用。针管笔必须使用专用绘图墨水。针管笔比鸭嘴笔容易控制，不易弄脏图纸，是手绘工程图纸时的首选绘图笔，但针管笔及绘图墨水价格较为昂贵（图6-1-7）。

使用注意事项：

1．直线笔画线时笔杆前后方和纸张保持90°，并使直线笔向前进方向倾斜5°~20°。

2．画线时，速度和用力程度要均匀。画一条线时，不能停顿，以防出现墨迹。画细线时，调整螺钉，不要拧得太紧，以免钢片变形，用完后应清洗擦净，放松螺钉后收藏好。

绘图铅笔的标号H、B表示铅芯的软硬程度，B前面的数字越大，表示铅芯越软，绘出的图线颜色越深；H前面的数字越大，表示铅芯越硬，绘出的图线颜色越淡；HB表示软硬适中。

绘制底稿：2H、3H；描粗、确认底稿线条：HB、B；绘制粗实线：2B、B；画细实线、细点划线、写字：H、HB。

铅笔笔尖的削法如图6-1-8所示。

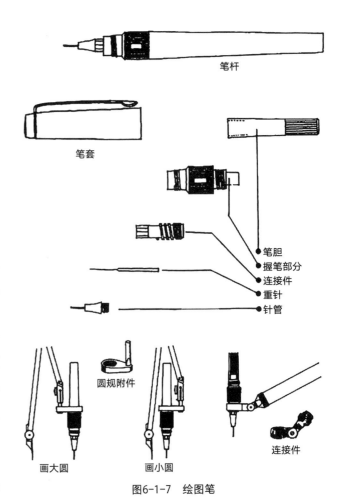

图6-1-7　绘图笔

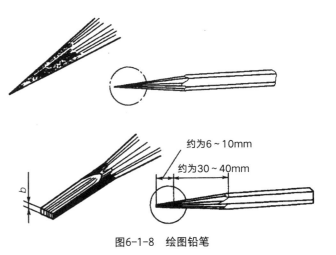

图6-1-8　绘图铅笔

6.1.7　曲线板

曲线板是画非圆曲线的专用工具之一，有复式和单式两种。复式曲线板用来画简单曲线；单式曲线板用来画较为复杂的曲线，每套有多块，每块都由一些曲率不同的曲线组成（图6-1-9）。

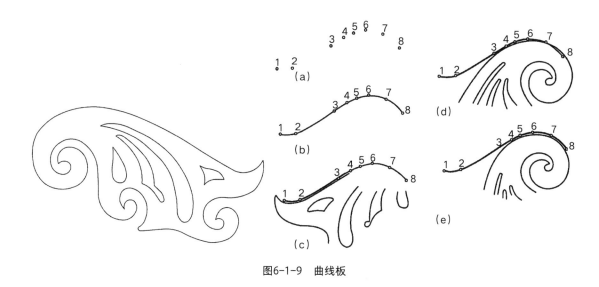

图6-1-9　曲线板

使用方法：

画曲线时，应先徒手把曲线上各点轻轻依次连接成圆滑的细线，然后选择曲线板上曲率相当的部位进行画线，每画一段线最少应有三个点与曲线板上某一段吻合，与已画成的相邻线段重合一部分，还应留出一小段不画，作为下段连接时过渡之用，以保持曲线光滑。

6.2　制图图纸要求

6.2.1　图幅

图纸的幅面是指图纸的尺寸。为了便于图样的装订、管理和交流，国标对图纸幅面的尺寸大小作了统一规定。绘制图样时，图纸的幅面和图框尺寸必须符合表6-2-1的规定，表中代号

基本图幅尺寸表（单位：mm）　　　　　　　　　　表 6-2-1

尺寸代号	幅面				
	A0	A1	A2	A3	A4
$b \times 1$	841 × 189	594 × 841	420 × 594	297 × 420	210 × 297
c	10			5	
a	25				

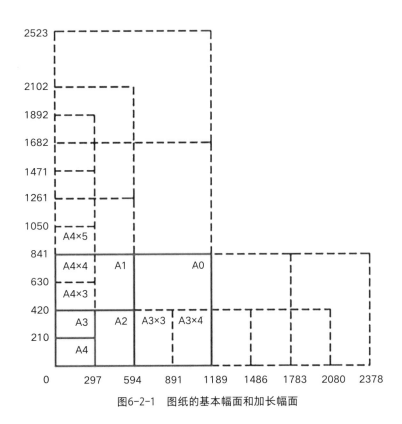

图6-2-1　图纸的基本幅面和加长幅面

含义如图6-2-1所示。

　　从表6-2-1可以看出，各种型号图纸的基本幅面尺寸关系：沿上一号幅面的长边对裁，即为下一号幅面的大小。必要时可以加长图纸的幅面，加长时只加长长边，短边一般不加长，如图6-2-1中的规定所示。

　　图纸分横式和竖式两种，每种又分留装订边框和不留装订边框两种格式。

　　以短边作为垂直边称横式图纸，如图6-2-2a所示；以短边作为水平边称竖式图纸，如图6-2-2b、图6-2-2c所示。一般A0～A3图纸宜横式使用，必要时，也可竖式使用，A0、A1图纸图框线宽为1.4mm；A2～A4图纸图框线的线宽为1.0mm。

　　需要微缩复制的图纸，其一边上应附有一段准确米制尺度，4个边上均附有对中标志，米制尺度的总长应为100mm，分格应为10mm，对中标志应画在图纸各边长的中点处，线宽为0.35mm，伸入框内为5mm。

6.2.2　标题栏

　　图纸的标题栏放在图纸的右下角，通常由设计单位名称区、工程名称区、图名区、签字区、图号区等组成。其格式、大小及具体内容根据工程需要确定，它的签字区应包含实名列和签名列，如图6-2-3所示。

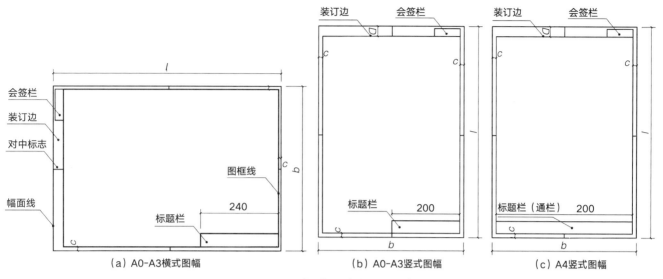

图6-2-2　常用幅面（单位：mm）

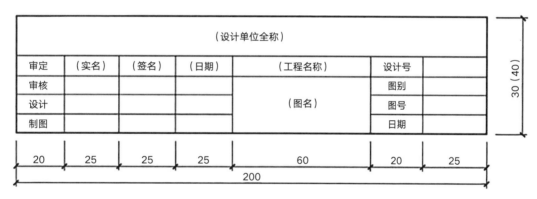

图6-2-3　标题栏格式和尺寸（单位：mm）

6.2.3　比例

图形与实物相对应的线性尺寸之比称为比例。工程制图中，为了满足各种图样表达的需要，有些需缩小绘制在图纸上，有些又需要放大绘制在图纸上。因此，必须对缩小和放大的比例做出规定。

比例的大小，即指其比值的大小，如1∶50大于1∶100。

比例的符号为"∶"，比例用阿拉伯数字表示。例如，原值比例1∶1，缩小比例1∶6，放大比例6∶1，等等。比例宜写在图名的右侧，字的基准线应取平，其字高应比图名字高小一号或二号（图6-2-4）。

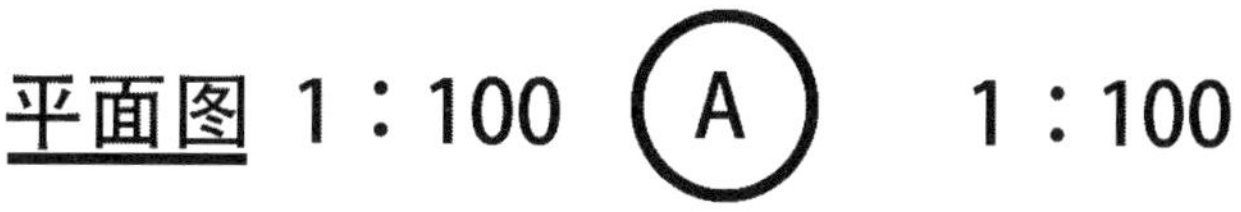

平面图 1∶100　Ⓐ　1∶100

图6-2-4　比例的注写

比例的选择，应根据图样的用途和复杂程度确定，并优先选用常用比例，如表6-2-2所示。

绘图常用的比例　　　　　　　　　　　表 6-2-2

详图	1：2　1：3　1：4　1：5　1：15　1：20　1：30　1：40　1：50
道路绿化图	1：50　1：100　1：200　1：300　1：150　1：250
小游园规划图	1：50　1：100　1：200　1：300　1：150　1：250
居住区绿化图	1：100　1：200　1：300　1：400　1：500　1：1000
公园规划图	1：500　1：1000　1：2000

6.2.4 图线

1. 图线的种类

园林工程图和施工图的图形是用各种不同粗细和形式的图线画成的。绘图时应根据图样的复杂程度与比例大小，先确定基本线宽b，再选用表6-2-3中适当的线宽组。图线不宜与文字、数字或符号重叠、混淆，不可避免时，应先保证文字的清晰。

在同一张图样上按同一比例或不同比例所绘各种图形，同类图线的粗细应基本保持一致，虚线、单点长划线及双点长划线的线段长短和间距大小也应各自大致相等。

常用线型　　　　　　　　　　　表 6-2-3

名称	线型	线宽	用途
实线	粗	b	①园林建筑立面的外轮廓线；②平面图、剖面图中被剖切的主要建筑构造（包括构配件）轮廓线；③园林景观构造详图中被剖切的部分轮廓线；④构建详图的外轮廓线；⑤平面图、立面图、剖面图的剖切符号；⑥平面图中水岸线
	中	0.5b	①剖面图中被剖切的次要构件轮廓线；②平面图、立面图、剖面图中园林建筑构配件的轮廓线；③构造详图及构配件详图中的一般轮廓线
	细	0.25b	尺寸线、尺寸界线、图例线、索线符号、标高符号、详图材料做法引出线等
虚线	粗	b	①新建筑物的不可见轮廓线；②结构图上不可见钢筋及螺栓线
	中	0.5b	①一般不可见轮廓线；②建筑构造及建筑构配件不可见轮廓线；③拟扩建的建筑轮廓线
	细	0.25b	①图例线、小于0.5b的不可见轮廓线；②结构详图中不可见钢筋混凝土构件轮廓线；③总平面图上原有建筑和道路、桥涵、围墙等设施的不可见轮廓线
单点长划线	粗	b	结构图中的支撑线
	中	0.5b	土方填挖区的零点线
	细	0.25b	分水线、中心线、对称线、定位轴线

续表

名称		线型	线宽	用途
双点长划线	粗		b	①总平面图中用地范围，用红色，也称为"红线"；②预应力钢筋线
	中		$0.5b$	见各相关专业制图标准
	细		$0.25b$	假想轮廓线成型前原始轮廓线
折断线				不需画全的折断界限
波浪线				不需画全的断开界线、构造层次的断界线

2. 图线的画法（表6-2-4）

图线交接画法正误对比

表 6-2-4

画法说明	图例	
	正确	错误
点划线相交时，应以长划线段相交，点划线的起始与终点应为线段	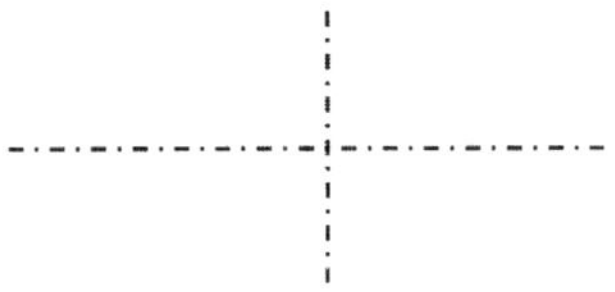	
虚线与虚线或与其他图线垂直相交时，在垂足处不应留有空隙		
圆与圆或与其他图线相切时，在切点处的图线正好是单根图线的宽度		
虚线为粗实线的延长线时，不得以短划线相接，要留有空隙表示两种图线的分界		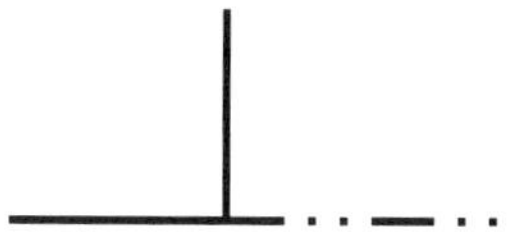
圆心应以中心线的线段交点表示，中心线应超出圆周约 5mm。当圆直径小于 12mm 时，中心线可用细实线，且超过圆周约 3mm	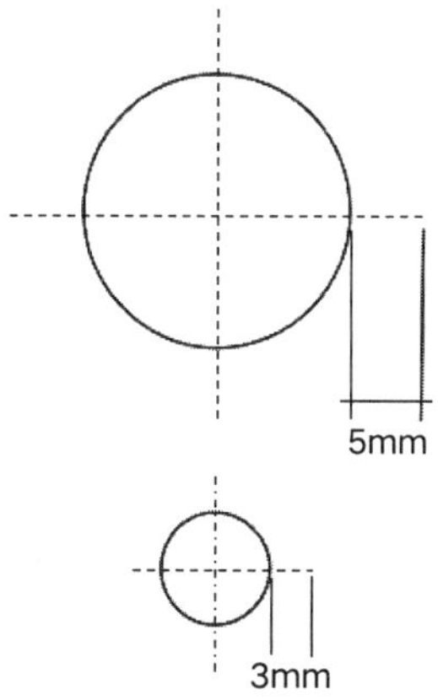 5mm　3mm	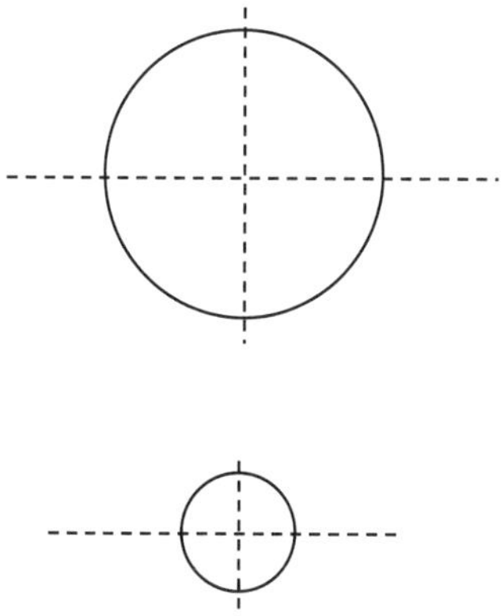

6.3　几何作图方法

6.3.1　绘图步骤

1．准备

1）做好准备工作。

2）分析要绘制图样的对象，参阅有关资料。

3）根据所画图纸的要求，选定图纸幅面和比例。

4）将大小合适的图纸用纸胶带（或绘图钉）固定在图板上。

2．用铅笔绘制底稿

1）按照图纸幅面的规定绘制图框，并在图纸上按规定位置绘制出标题栏。

2）合理布置图面，综合考虑标注尺寸和文字说明的位置，定出图形的中心线和外框线。

3）画图形的主要轮廓线，然后再画细部。

4）画尺寸线、尺寸界线和其他符号。

5）仔细检查，擦去多余线条，完成全图底稿。

3．加深图线、上墨或描图

1）加深图线，用铅笔加深图线应选用适当硬度的铅笔，并按下列顺序进行。

（1）先上后下；先左后右；先细后粗；先曲线后直线；先画水平线，后画垂直及斜线。

（2）同类型、同规格、同方向的图线可集中画出。

（3）画起止符号，填写尺寸数字、标题栏和其他说明。

（4）仔细核对、检查并修改已完成的图纸。

2）上墨，顺序同上，一般使用绘图笔。

3）描图。

6.3.2　几何作图的黄金比例关系

　　《维特鲁威人》是达·芬奇以比例最精准的男性为蓝本绘制的完美比例人体，这种"完美比例"也是数学上所谓的"黄金分割"。人体中自然的中心点是肚脐。如果人把手脚张开，作仰卧姿势，然后以他的肚脐为中心用圆规画出一个圆，那么他的手指和脚趾就会与圆周接触。不仅可以在人体中这样画出圆形，还可以在人体中画出方形。即如果由脚底量到头顶，并把这一量度移到张开的两手，那么就会发现高和宽相等，恰似平面上用直尺确定方形一样。

　　很多画家、设计师把这种严格的比例构图运用于艺术创作中，贯穿了摄影、建筑设计、平面设计、绘画等领域。公元前5世纪建造的雅典帕提农神庙（Parthenon at Athens），也同样遵循黄金分割的比例，其正面高度与宽度之比为1：1.6，屋顶的高度与房梁长度之比是1：1.618（图6-3-1）。

图6-3-1　雅典帕提农神庙比例关系

6.3.3　常见的几何制图法

1．线段和角的等分

1）线段的任意等分（图6-3-2）

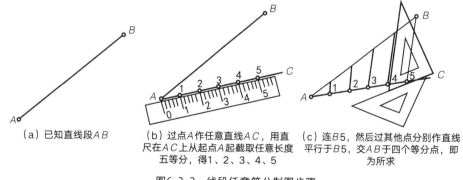

（a）已知直线段AB

（b）过点A作任意直线AC，用直尺在AC上从起点A起截取任意长度五等分，得1、2、3、4、5

（c）连B5，然后过其他点分别作直线平行于B5，交AB于四个等分点，即为所求

图6-3-2　线段任意等分制图步骤

2）两平行线间的任意等分（图6-3-3）

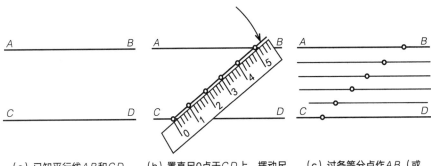

(a) 已知平行线AB和CD   (b) 置直尺0点于CD上,摆动尺   (c) 过各等分点作AB(或
                                   身使刻度5落在AB上,截得1、   CD)的平行线,即为所求
                                   2、3、4各等分点

图6-3-3　两平行线间的任意等分制图步骤

3）角的二等分（图6-3-4）

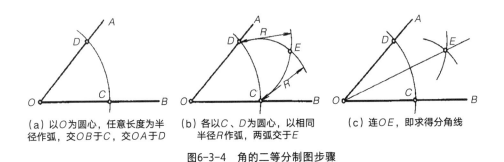

(a) 以O为圆心,任意长度为半   (b) 各以C、D为圆心,以相同   (c) 连OE,即求得分角线
    径作弧,交OB于C,交OA于D   半径R作弧,两弧交于E

图6-3-4　角的二等分制图步骤

2. 等分圆周作正多边形

1）方法一：用圆规和三角板作圆的内接正三角形（图6-3-5）

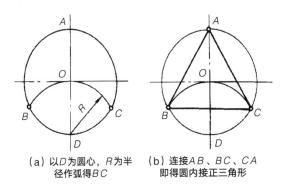

(a) 以D为圆心,R为半   (b) 连接AB、BC、CA
   径作弧得BC   即得圆内接正三角形

图6-3-5　用圆规和三角板作圆的内接正三角形制图步骤

2）方法二：用丁字尺和三角板作圆的内接正三角形（图6-3-6）

3）任意正多边形的画法

以圆内接正七边形为例，说明任意正多边形的画法（图6-3-7）。

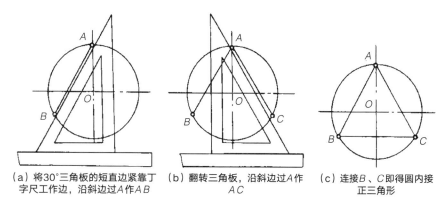

（a）将30°三角板的短直边紧靠丁　（b）翻转三角板，沿斜边过A作　（c）连接B、C即得圆内接
字尺工作边，沿斜边过A作AB　　　　　AC　　　　　　　　　正三角形

图6-3-6　用丁字尺和三角板作圆的内接正三角形制图步骤

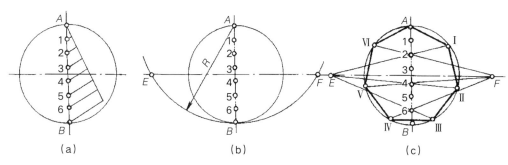

（a）　　　　　　　　（b）　　　　　　　　（c）

图6-3-7　任意正多边形制图步骤

（a）直径AB七等分，以A点为圆心，BA为半径画圆弧，与CD的延长线交于E、F两点；

（b）过E、F两点与直径AB上偶数分点连线，并延长与圆周交于各点；

（c）顺次连接Ⅰ、Ⅱ、Ⅲ、Ⅳ、Ⅴ、Ⅵ、A各点，即为所求。

3．椭圆画法

1）同心圆法画椭圆

已知椭圆长轴AB、短轴CD、中心点O，求作椭圆（图6-3-8）。

（1）第一步：以O为圆心，以OA和OC为半径，作出两个同心圆；

（2）第二步：过中心O作等分圆周的辐射线（图中作了12条线）；

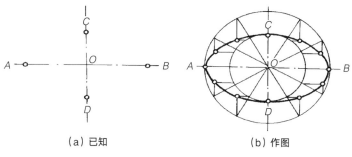

（a）已知　　　　　　　　　　（b）作图

图6-3-8　同心圆法画椭圆制图步骤

（3）第三步：过辐射线与大圆的交点向内画竖直线，过辐射线与小圆的交点向外画水平线，则竖直线与水平线的相应交点即为椭圆上的点；

（4）第四步：用曲线板将上述各点依次光滑地连接起来，即得所画的椭圆。

2）四心圆法画（近似）椭圆（图6-3-9）

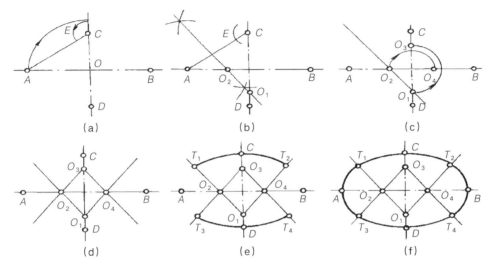

图6-3-9　四心圆法画椭圆制图步骤

【思考】

掌握徒手制图在建筑中的应用思路：

1．了解常用制图的工具。

2．梳理制图图纸的要求。

3．分析几何作图的应用方法和途径。

模块二

从建筑到图样

    如何将建筑在图纸上进行表达？或者说，想要表达清楚一个建筑我们需要做哪些前期工作、提供哪些图纸？在本模块中，通过对"建筑测绘的工具""建筑测绘一般流程""建筑测绘的内容"三个部分的介绍，完成实体建筑到图样过程的图呈关系说明，为后续人居环境设计类专业课程的开展，了解建筑测绘工作，实现建筑与景观、设施、结构、室内等各专业的配合协调工作打下基础。

第7章
建筑测绘

BUILD

7.3 建筑测绘的内容

7.2 建筑测绘一般流程

7.1 建筑测绘的工具

» **内容与目标：**

　　本章对建筑测绘进行详细介绍，包括建筑测绘的工具、一般测绘的流程、建筑测绘的内容等，建筑测绘是对现存的建筑物或群体，以手工及现代仪器测量并绘制成图的技术工作。通过对实际建筑对象的现场调查、测绘，以印证、巩固和提高课堂所学的理论知识，认识建筑内部空间以及环境之间的关系，加深对建筑平面、立面、剖面以及空间、构造的理解。

» **建议学时：4学时**

　要点： 1．建筑测绘在实际操作中的应用思路。

　　　　　2．了解建筑测绘的工具。

　　　　　3．梳理建筑测绘的一般流程及内容。

　　　　　4．加深对建筑平面、立面、剖面以及空间、构造的理解。

» **参考书目：**

[1]　梁思成．未完成的测绘图[M]．北京：清华大学出版社，2007．

[2]　王其亨，吴葱，白成军．古建筑测绘[M]．北京：中国建筑工业出版社，2007．

7.1　建筑测绘的工具

常用的测绘工具和仪器可分为测量工具与仪器、辅助测量工具、绘图工具等，根据不同的工作阶段和实际情况选择不同的工具。

7.1.1　测量工具与仪器

1．皮卷尺

用于测量距离和高度、各物件的尺寸，常见的规格有 15m、20m、30m，优点是适用于较大尺度的测量，也方便用来测量圆柱体的周长等；缺点是容易因自重问题下坠从而产生误差（图7-1-1）。

2．钢卷尺

用于测量较小距离及尺寸，常见规格包括 3m、5m、10m等，携带方便（图7-1-2）。

3．水平尺

用于寻找水平线（图7-1-3）。

图7-1-1　皮卷尺　　　　　　　图7-1-2　钢卷尺　　　　　　　图7-1-3　水平尺

4．锤球

用于寻找结构的重心、定直（图7-1-4）。

5．手持式激光测距仪（图7-1-5）

6．激光标线仪（图7-1-6）

图7-1-4　锤球　　　　　　图7-1-5　手持式激光测距仪　　　　　　图7-1-6　激光标线仪

7．**水准仪**（图7-1-7）、**经纬仪**（图7-1-8）、**平板仪**（图7-1-9）、**全站仪**（图7-1-10）等用于总图测量和单体建筑控制性测量。

8．**全站仪、照相机**（图7-1-11）、**数字化近景摄影测量工作站**等组成近景摄影测量系统

9．**三维扫描仪**（图7-1-12）

图7-1-7　水准仪

图7-1-8　经纬仪

图7-1-9　平板仪

图7-1-10　全站仪

图7-1-11　照相机

图7-1-12　三维扫描仪

7.1.2　测量辅助工具

摄像器材、梯子（图7-1-13）、脚手架（图7-1-14）、直杆、安全帽（图7-1-15）、保险绳（图7-1-16）、便携式照明灯具（图7-1-17）、望远镜（图7-1-18）、遮阳帽（图7-1-19）、软钢丝（图7-1-20）、细线（图7-1-21）等。

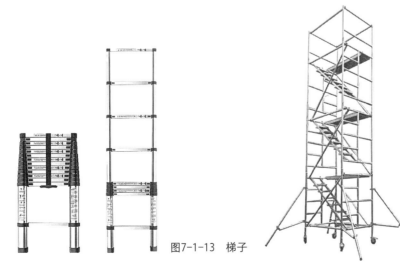

图7-1-13　梯子　　　　　　　　　　图7-1-14　轮式脚手架

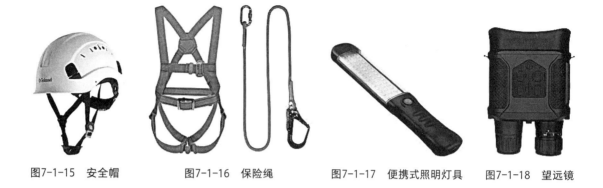

图7-1-15　安全帽　　　　图7-1-16　保险绳　　　　图7-1-17　便携式照明灯具　　　图7-1-18　望远镜

图7-1-19　遮阳帽　　　　　　　图7-1-20　软钢丝　　　　　　　图7-1-21　细线

7.1.3　绘图工具

绘图工具包括白纸、坐标纸（图7-1-22）、圆珠笔、铅笔、彩色笔、橡皮、丁字尺（图7-1-23）、三角板、圆规、毛刷（图7-1-24）、美工刀、图板等常规绘图工具；计算机、打印机、扫描仪等相关绘图与打印设备。

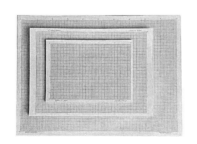

图7-1-22　坐标纸　　　　　　图7-1-23　丁字尺　　　　　　图7-1-24　毛刷

7.2　建筑测绘一般流程

7.2.1　建筑单体测绘流程

利用传统手工测量方式，对单体建筑进行测绘，一般经过准备、勾画草图、测量、整理测稿、仪器草图、校核、成图、提交存档等阶段（图7-2-1）。

了解测绘对象的历史背景，查阅相关资料，踏勘现场，确认工作条件，制定测量方案，包括工作期限、进度、人数、分工等。

徒手勾画建筑的平面图、立面图、剖面图和细部详图。草图应能清楚地反映和展示建筑各部位的形式、结构以及大致比例。草图为测量时标注尺寸用，测量并标注尺寸后的草图称为测稿。

测量由2~3人配合进行，同时在草图上标注尺寸。

每次测绘难免会出现遗漏和错误，因此所测数据应在测量当天进行核对、整理，及时发现问题。对测稿上交代不清、勾画失准或标注混乱之处应重新整理、描绘，以增强可读性。对于一些总尺寸和分尺寸、主要尺寸和次要尺寸等，应及时核对、修正。

通过用尺规工具按比例制图，可进一步交代细节，肯定交接关系，验证所获数据是否正确，并进行必要的修正，因而成为保证测绘质量的重要环节。

仪器草图完成后要比照实物核对，发现遗漏、错误的地方，要分析原因，及时补漏或复测，修正数据后改正图上错误。

根据测稿、仪器草图上的数据，用计算机完成正式成果图。

将测稿、数据表格、仪器草图、电子文件、文字报告等编目提交有关部门并存档。

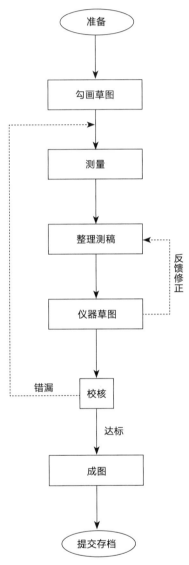

图7-2-1　建筑单体测绘流程图

7.2.2　总图测绘流程

由2~3人组成单独的总图组，使用水准仪、经纬仪、平板仪或全站仪等测量仪器，对建筑组群进行测绘，一般包括总平面图和总剖面图，有时需要绘制群体立面表现图或透视图等。测绘一般经过踏勘选点、控制测量、碎部测量、制图、核对等环节。

7.3 建筑测绘的内容

7.3.1 测绘工作的分工

测绘是一种集体性工作，需要多个测绘人员分工协作。合理的分工和有效的现场工作组织是准确、高效完成测绘的保证。

现场测量、绘图和后期的正式图纸绘制均以"组"为单位进行，每组由 3~5 人组成。当测绘对象体量很大或测绘内容繁多时，人数可增加至 6~7 人。

每个测绘小组应该有一位组长，负责具体安排每个小组成员的工作内容，控制本组测绘工作的进度，协调平衡每个组员的工作量，在遇到困难和问题时组织大家共同研究解决，更重要的是组织全体成员进行数据与图纸的核对、检查整理，直至最终完成正式图纸。

7.3.2 勾画草图

1．勾画草图要点

手工测量条件下，因传统建筑形式复杂，获取的数据必须标注在事先画好的草图上，才能一一对应清楚。因此，测绘的第一步是勾画草图。

勾画草图就是通过现场观察、目测或者步量，徒手勾画出建筑的平面图、立面图、剖面图和细部详图，清楚表达出建筑从整体到局部的形式、结构、构造节点、构件数量及大致比例。草图也是测量时标注尺寸的底稿。标注了尺寸的草图称为测稿。

建筑的形式随地域、年代不同而千差万别，因功能、级别不同又有繁简、大小的差异。因此，完整记录建筑所需要的图不尽相同，但大致包括：总图、平面图、立面图、剖面图、梁架仰视图以及细部详图等，草图的内容也大致按照这个框架安排。

1）绘制草图的格式

（1）推荐使用 A3 幅画，横式，左侧装订，右下角为图签栏。

（2）测绘稿上需要注明测绘项目、图名、日期等，以便管理存档。

（3）所有的测绘稿完成后，需制作封面、编制页码和目录。

2）绘制草图的基本原则

（1）草图一般采用正投影法绘制。

（2）勾画草图所用线条要清晰、肯定。尽量减少橡皮擦拭，保持图面干净。

（3）要控制好测量对象的整体比例。

（4）要控制好各物件之间的空间关系与对位关系。

（5）建筑的一些细节要另画详图，使草图的表达粗精结合、繁简得当。

（6）需要对测量对象重复构件的数量加以统计，并标注在草图上。

（7）不可见部分留白。

2．各类草图的画法要点

1）平面图

根据建筑物现状绘制平面图，若为楼房，则应绘制各层平面图。图中应表达清楚柱、墙、门窗、台基等基本内容。一般宜从定位轴线入手，然后定柱子、画墙、开门窗，再深入细部。需要绘制详图的部分包括墙体特殊的转角、尽端处理以及墙体，各式柱础、必要的铺地等。必须详细统计并标明数量的构件包括台明、室内地面及散水的铺地砖、台阶条石等（图7-3-1）。

2）立面图

立面图反映建筑的外观形式，一般包括正立面图、侧立面图和背立面图等。

观察建筑整体外观的时候，应尽量正对建筑的各个局部进行观察，避免出现透视效果。立面草图应正确反映每一间的高宽比、柱子细长比等特征。一般从檐口或者额枋起笔，再确定地面位置，然后每间按照比例分好。需要绘制详图的部分包括台基、踏跺、栏板、雀替、挂落、山墙、排山及山花等。必须详细统计并标明数量的构件包括瓦垄的排列规律和数量、檐椽的分布与数量等（图7-3-2）。

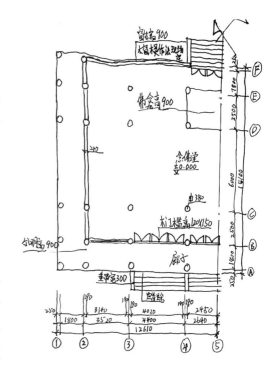

一层平面图 1:100

图7-3-1　某寺大雄宝殿建筑一层平面测绘图
（来源：谢晨宁 绘）

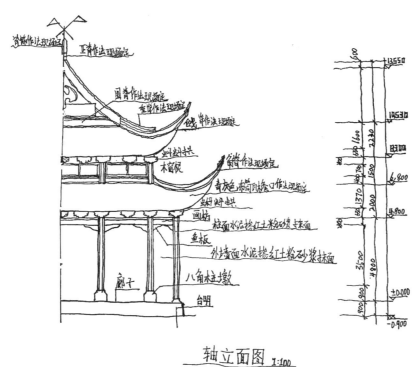

轴立面图 1:100

图7-3-2　某寺大雄宝殿建筑立面测绘图
（来源：谢晨宁 绘）

3）剖面图

剖面图主要反映建筑的结构和内部空间，一般包括各间横剖面图和纵剖面图。需要绘制详图的部分包括：梁架节点，梁头、梁身的尺寸变化，椽子上下搭接方式，脊檩上椽子搭接方式等。必须详细统计并标明数量的构件，包括出山部分的椽数等（图7-3-3）。

4）梁架仰视图

梁架仰视图是在柱头附近位置剖切，然后对剖切面以上部分采用镜像投影法得到的平面图。镜像投影的结果是其方位与平面图完全一致。梁架仰视图一般反映了建筑的结构布置及天花形式。需详细绘制的部分包括角梁大样、翼角椽子的排列等。必须详细统计并标明数量的构件，包括天花的分格、藻井中斗栱和其他重复性构件（图7-3-4）。

5）屋顶平面图

屋顶平面图可只画一个平面简图，然后从上面作索引（图7-3-5）。

6）斗栱大样图

勾画时宜从侧立面入手，斗栱侧立面画好之后，可按照"长对正，高平齐，宽相等"原则，对照侧立面画出仰视平面图、正立面图、背立面图等（图7-3-6）。

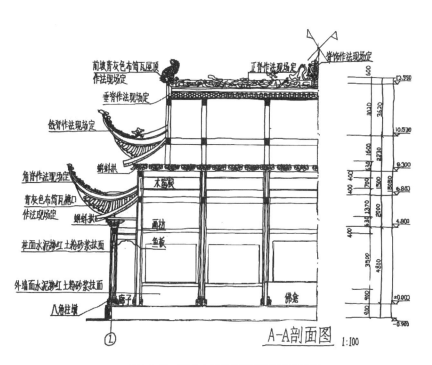

图7-3-3　某寺大雄宝殿建筑剖面测绘图
（来源：谢晨宁 绘）

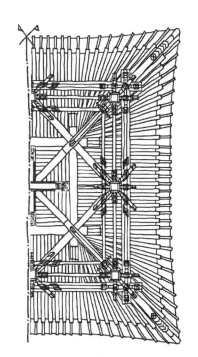

图7-3-4　某寺大雄宝殿建筑梁架仰视测绘图
（来源：谢晨宁 绘）

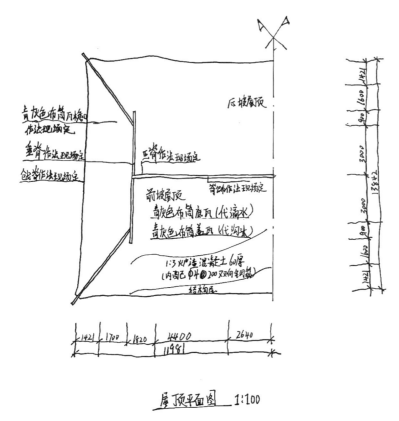

图7-3-5　某寺大雄宝殿建筑屋顶平面测绘图
（来源：谢晨宁 绘）

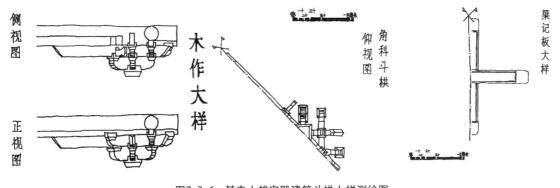

图7-3-6　某寺大雄宝殿建筑斗栱大样测绘图
（来源：谢晨宁 绘）

7.3.3　单体建筑测量

草图齐备之后可开始测量，量取数据和在草图上标注数据需要分工完成。

1. 测量基本原则

1）从整体到局部，先控制后细部。

2）方正、对称、平整等不能随意假定。

3）选取典型构件测量的时候，应注意构件或部位的同一性。

2．测量的基本方法

1）测量由 2~3 人配合进行。一般来说，勾画草图者为记录人，是测量主导者。

2）连续读数。在可能的情况下，同一方向的成组数据必须一次连续读数，不能分段测量后叠加。

3）测距读数时必须统一以毫米（mm）为单位，只报数字，不报单位，以免记录时产生混淆。

4）不能直接量取时，可用间接法求算，但必须取同一部位。

3．尺寸标注

1）尺寸数字标记于尺寸界线处，该数代表该点读数，而不是相邻起止点间的长度尺寸。起止点用箭头代替建筑制图中常用的斜杠，其表示各测量点的位置。

这种标注方式一方面能避免连续分段测量带来的误差累计，提高测量数据的真实性与可靠性；另一方面更加有利于后期相关数据整理工作。

2）除标高单位为米（m），其余的标注使用毫米（mm）作为尺寸单位。

3）关联性尺寸应沿线或集中标注，不应分写各处及分页标记。无规律标注极易造成漏记等问题，影响工作效率和质量。

4）文字方向随尺寸线走向书写。

4．测量内容

1）台基总尺寸、柱网尺寸、墙体的总尺寸、定位尺寸等。

2）选择特定部位或典型部位测量墙、柱的细部尺寸。

3）台基、地面的高程和细部，包括踏跺、阶条、角柱石、铺地砖石、散水以及附属文物，如碑刻等。

4）出檐尺寸和翼角起翘尺寸，主要通过测定檐口上特征点的平面坐标和高程确定。

5）梁架部分，如举架尺寸、梁枋定位尺寸、角梁定位尺寸、翼角瓦作定位尺寸等控制性尺寸，斗栱尺寸，各梁、枋、檩、椽的断面尺寸，天花尺寸等细部尺寸。

6）屋面测量的相关内容，如屋面的平面尺寸、重要控制点高程等控制性尺寸及各屋脊、天沟断面尺寸，山花细部尺寸，吻兽轮廓尺寸等细部尺寸。

5．不同构件的测量方法

1）柱

柱径尺寸由测量柱周长获得。周长的测量部位需在柱根处、紧靠柱础的上沿，用皮卷尺或软尺测量，整理数据时用周长公式即可得出柱径（图7-3-7）。

2）构件形状尺寸的测量

梁、枋、板的断面尺寸按照高×宽的顺序进行测量，驼峰、替木等构件的尺寸按照长×高×厚的顺序进行测量（图7-3-8）。

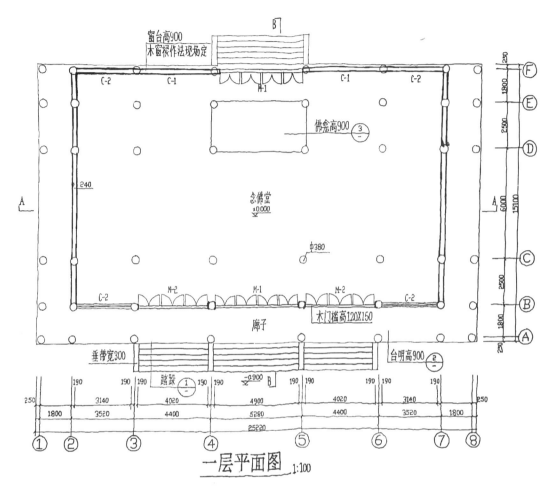

图7-3-7　某寺大雄宝殿建筑一层平面测绘图

（来源：谢晨宁 绘）

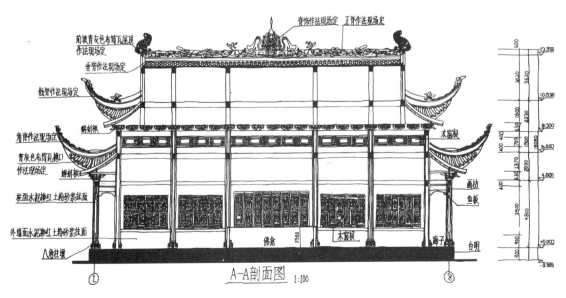

图7-3-8　某寺大雄宝殿建筑剖面测绘图

（来源：谢晨宁 绘）

3）斗栱

栱的高度应在贴近斗的部位上取，不要在拱弯处量，栱的尺寸测量和注记按照长×高×厚的顺序，栱长要一次性测出，不能用两个半栱的长度加上斗宽的方法计算（图7-3-9）。

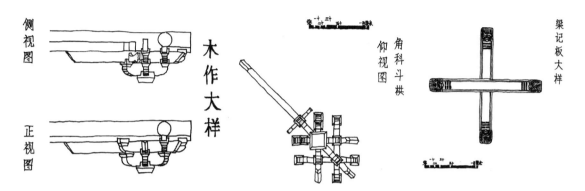

图7-3-9   某寺大雄宝殿建筑斗栱大样测绘图
（来源：谢晨宁 绘）

4）梁架

梁架的测量从当心间开始，然后向两端顺次进行。各缝梁架的间距与柱头间距一般为一致的，如果柱位与梁架不对应就必须测梁架，为便于操作可用垂线方法将各缝梁架的中心线投记在地上，然后量取他们的间距，即相当于测量梁架的水平投影距离。用这种方法需要特别注意垂点的选择应尽量保持在一条直线上（图7-3-10）。

图7-3-10   某寺大雄宝殿建筑梁架仰视测绘图
（来源：谢晨宁 绘）

5）墙

墙的厚度在无法直接求得的情况下可通过测量墙外皮的距离和墙内皮的距离得出。檐墙和山墙一般都有收分，需要用锤球辅助测收进的尺寸（图7-3-11）。

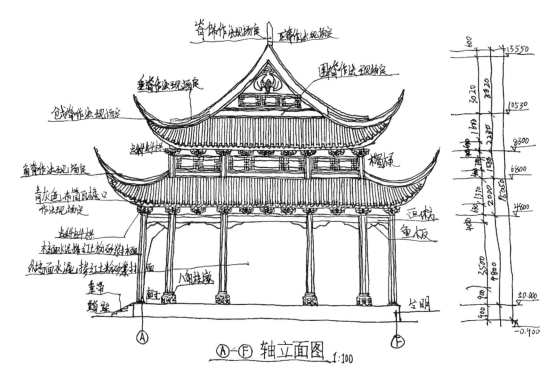

图7-3-11　某寺大雄宝殿建筑立面测绘图
（来源：谢晨宁 绘）

6）屋面

点数歇山和庑殿顶的屋面瓦垄数时，应将屋面坡身部分的瓦垄数和翼角起翘的瓦垄数分别点数。屋面板瓦相叠的具体做法一般有"压五露五"（上面的瓦压住下面的瓦的一半）、"压七露三"（上面的瓦压住下面的瓦的7/10）等（图7-3-12）。

7.3.4　整理与正式测绘图纸的绘制

1．测稿整理

现场的数据测量工作完成之后就进入草图的整理阶段，即将记录有测量数据的徒手草图整理成具有合适比例的、清晰准确的仪器草图，作为绘制正式图纸的底稿。这项工作是不可缺少的。因为通过绘制工具图能发现勾画徒手草图时不容易发现的问题，如漏测的尺寸、测量中的误差、未交代清楚的结构关系等，也便于大样图和各种图案、纹饰及彩画的精确绘制。所以，草图的整理要在测量现场进行，当场发现问题，当场解决。

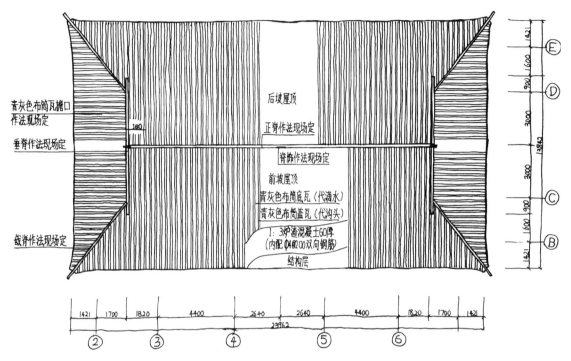

图7-3-12   某寺大雄宝殿建筑屋顶平面测绘图
（来源：谢晨宁 绘）

2．绘制仪器草图

传统手工制图中仪器草图是描画正式图的底图，必须达到一定的精细程度。而电脑制图条件下，其功能蜕变为主要用以验证数据，因此可以简化作图。一些重复和对称的部分可以只画一组或一半，但必要的交接关系、控制性的结构和轮廓等须交代清楚。

仪器草图是保证测绘质量的重要环节。同时，仪器草图上可初步确定正式测绘图的比例尺和构图，联系轮廓线加粗及尺寸标注等内容。仪器草图上必须按照制图规范标注主要尺寸，加粗轮廓线和剖断线。仪器草图中必须注明测绘项目、测绘人、制图人、制图日期等基本信息。

3．作图步骤

1）定位轴线；

2）画柱子、柱础；

3）画台基轮廓、阶条石；

4）画踏步、栏杆、门；

5）画铺地；

6）尺寸标注；

7）加图框，基本信息标注。

【思考】

掌握建筑测绘在实际操作中的应用思路：

1. 了解建筑测绘的工具。

2. 梳理一般测绘的流程及内容。

3. 加深对建筑平面、立面、剖面以及空间、构造的理解。

模块三

图呈建筑设计

如何在图纸上呈现我们所想表达的设计？或者说，想要表达清楚设计方案，最终作为建筑施工的依据，我们需要提供哪些图纸？我们在不同设计阶段需要不同的设计表达，在本模块中通过对"建筑设计图""建筑装饰设计图""景观设计图"三个部分的内容介绍，完成"图呈建筑设计"核心内容图呈关系的说明，为后续人居环境设计类专业课程的开展，实现建筑与景观、设施、结构、室内等各专业的配合协调工作打下基础。

第 8 章
建筑设计图

BUILD

8.2　　8.1

建筑的表达规范与要求

不同阶段建筑的设计表达要求

» 内容与目标：

　　本章对建筑设计图进行详细介绍，包括建筑的表达规范、不同设计阶段建筑的设计表达、建筑设计图表达要求等内容，在掌握投影原理和建筑立体概念的基础上，使学生能够周密考虑所想的设计方案，用图纸和文件规范地表达出来，统一步调，顺利进行，并使建筑物充分满足使用者和社会所期望的各种要求及用途。

» 建议学时：4学时

要点：1．建筑设计图各阶段的应用思路。

　　　　2．不同设计阶段建筑的设计表达。

　　　　3．建筑设计图在应用中的表达要求。

» 参考书目：

中华人民共和国住房和城乡建设部．建筑制图标准：GB/T 50104—2010[S]．

北京：中国建筑工业出版社，2010.

8.1　建筑的表达规范与要求

建筑基本图纸包括总平面图、建筑平面图、建筑立面图、建筑剖面图、建筑详图（墙身、楼梯、门、窗）等。

8.1.1　建筑总平面图

建筑总平面图是假设在建设区的上空向下投影所得的水平投影。采用俯视（水平）投影的图示方法，反映一定范围内原有、新建、拟建、即将拆除的建筑及其所处周围环境、地形地貌、道路绿化等情况的水平投影图。

1．表达的内容

1）场地的范围：表示出用地红线、道路红线。

2）场地内及四邻环境的反映（四邻原有及规划的城市道路和建筑物，场地内需保留的建筑物、古树名木、历史文化遗存、现有地形与标高、水体、不良地质情况等）。

3）场地内拟建道路、停车场、广场、绿地及建筑物的布置，并标示出主要建筑物与用地界线（或道路红线、建筑红线）及相邻建筑物之间的距离。

4）拟建主要建筑物的名称、出入口位置、层数与设计标高，以及地形复杂时主要道路、广场的控制标高。

5）指北针或风玫瑰图、比例。

指北针的形状宜如图8-1-1所示，其圆的直径宜为24mm，用细实线绘制，指针尾部的宽度宜为3mm，指针头部应注"北"或"N"字，需用较大直径绘制指北针时，指针尾部宽度宜为直径的1/8。

2．表达的方法

1）线型要求参见《房屋建筑制图统一标准》GB/T 50001—2017。

2）总图中的坐标、标高、距离宜以米（m）为单位，并应至少取至小数点后两位，不足时以"0"补齐。

3）总图应按上北下南的方向绘制。根据场地形状或布局，可向左或右偏转，但不宜超过45°。

4）总图中标注的标高应为绝对标高，如标注相对标高，则应注明相对标高与绝对标高的换算关系（图8-1-2）。

3．表达的表现性

1）一般原则：各种表现性的表达手段不得影响各项规定内容的规范性表达。

2）阴影：为了更直观反映建筑体量的高差关系，可以在总图上表示建筑阴影。投影角度应符合某时刻真实日照角度，投影区域不宜过大，应呈半透明状。

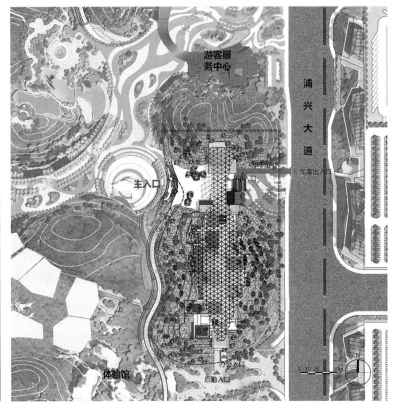

经济技术指标

名称		单位	数量
总用地面积		m²	41000
总建筑面积(不含停车)	地上	m²	9600
	地下	m²	10400
	合计	m²	**20000**
停车数		辆	195
建筑基底面积		m²	18000
道路广场面积		m²	5000
绿地总面积		m²	18000
容积率			0.475
建筑密度		%	44%
绿地率		%	44%
建筑高度		m	19.8

图8-1-1　某建筑总平面图

图8-1-2　标高表达方式

3）色彩：一般不必要。需要时，可以表达对象的真实色彩，或用色彩区别场地内建筑与周围建筑。

4）切忌把总图当作分析图使用，而使用多余的符号、标注、色彩。方案的各种特性应该由各种分析图表达。

8.1.2　建筑平面图

建筑平面是假想用一个水平剖切平面沿房屋门窗洞口的位置把房屋切开，移走上部后，画出的水平剖面图，称为建筑平面图，简称平面图。

1．表达内容

平面功能布局，结构（柱网）、墙体、门窗、楼梯的位置和尺寸等。平面图要求如下：

1）平面的总尺寸，开间、进深尺寸或柱网尺寸，门窗洞口尺寸等三道尺寸。

2）各主要使用房间的名称。

3）结构受力体系中的柱网、承重墙位置。

4）各楼层地面标高、屋面标高。

5）室内停车库的停车位和行车线路。

6）底层平面图应标明剖切线位置和编号，并应标示指北针。

7）必要时绘制主要用房的放大平面和室内布置（卫生间布置洁具，各房间布置家具）。

8）图纸名称、比例或比例尺。

9）与室外场地相接的平面图，应表达周边环境。

10）楼层平面应表达其下一层平面的屋顶等，但注意不要在多个平面图上重复表达。

命名：沿底层门窗洞口切开后得到的平面图，称为底层平面图，沿二层门窗洞口切开后得到的平面图，称为二层平面图，依次可以得到三层、四层的平面图。当某些楼层平面相同时，可以只画出其中一个平面图，称其为：标准层平面图。房屋屋顶的水平投影图称为屋顶平面图（图8-1-3）。

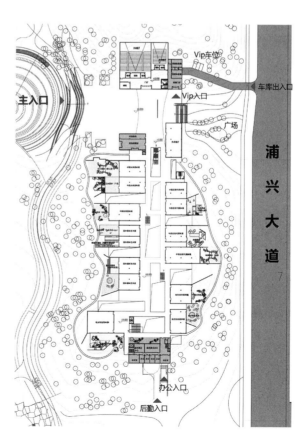

图8-1-3　建筑平面图

2．尺寸标注（图8-1-4）

尺寸界线：应用细实线绘制，一般应与被注长度垂直，其一端应离开图样轮廓不小于2mm，另一端宜超出尺寸线2～3mm。

尺寸线：应用细实线绘制，应与被注长度平行。图样本身的任何图线均不得用作尺寸线。

尺寸起止符号：一般用中粗斜短线绘制，其倾斜方向应与尺寸界线成顺时针45°角，长度宜为2～3mm。

尺寸数字：图样上的尺寸单位，除标高及总平面以米（m）为单位以外，其他必须以毫米（mm）为单位。

尺寸数字一般应依据其方向注写在靠近尺寸线的上方中部，如没有足够的注写位置，最外边的尺寸数字可注写在尺寸界线的外侧，中间相邻的尺寸数字可错开注写（图8-1-5）。

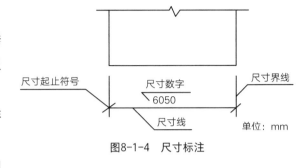

图8-1-4　尺寸标注

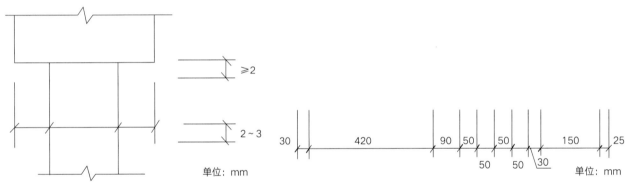

图8-1-5　尺寸界线

3．表达的规范性

1）线型要求参见《房屋建筑制图统一标准》GB/T 50001—2017。

2）平面图的方向宜与总图方向一致或基本一致。

3）在同一张图纸上绘制多于一层的平面图时，各层平面图宜按层数由低向高的顺序从左至右或从下至上布置。

4）建筑物平面图应在建筑物的门窗洞口处水平剖切俯视（屋顶平面图应在屋面以上俯视），图内应包括剖切面和投影方向可见的建筑构造以及必要的尺寸、标高等，如需表示高窗、洞口、通气孔、槽、地沟及起重机等不可见部分，则应以虚线绘制。

5）正确表达结构关系，区别表达承重结构和非承重结构。

6）楼梯、台阶箭头标注：以该层主要标高为起点。

4．表达的表现性

1）配景。

2）色彩：多用于表达功能分区。

8.1.3　建筑立面图

建筑立面图是建筑物外墙在平行于该外墙面的投影面上的正投影图。

1．表达内容

建筑立面图用来表示建筑物的外貌、门窗、阳台、雨篷、花池、勒脚等的形式和位置，墙面装修做法。

2．图纸要求

1）体现建筑造型的特点，选择绘制1～2个有代表性的立面。

2）各主要部位和最高点的标高或主体建筑的总高度。

3）当与相邻建筑（或原有建筑）有直接关系时，应绘制相邻或原有建筑的局部立面图。

4）图纸名称、比例或比例尺。

5）当设计深度达到时，可用文字标注建筑各部分采用的材料、色彩以及做法。

3．命名

方法一：按房屋的朝向命名（图8-1-6）。

方法二：反映出入口为主立面图，其余分别为左、右、背立面图（图8-1-7）。

方法三：用定位轴线命名，如①—⑨立面图。

图8-1-6　建筑立面与图线实例

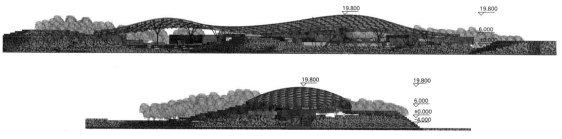

图8-1-7　建筑立面图

4．标高符号

1）标高符号应以等腰直角三角形表示，按图所示形式用细实线绘制，如标注位置不够，也可以按如下所示形式绘制（图8-1-8、图8-1-9）。

2）标高符号的尖端应指向被注高度的位置。尖端一般应向下，也可向上。标高数字应注写在标高符号的左侧或右侧。

3）标高数字以米（m）为单位，注写到小数点以后第三位。在总平面图中，可注写到小数点以后第二位。

4）零点标高应注写成±0.000，正数标高不注"+"，负数标高应注"-"，例如3.000、-6.000。

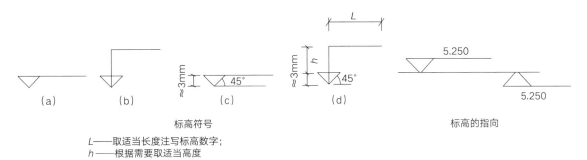

L——取适当长度注写标高数字；
h——根据需要取适当高度

图8-1-8 标高符号

图8-1-9 建筑立面标高符号

5．表达的规范性

1）线型要求参见《房屋建筑制图统一标准》GB/T 50001—2017。地坪线、外轮廓线、主要建筑体块轮廓需加粗。

2）平面形状曲折的建筑物，可绘制展开立面图、展开室内立面图。圆形或多边形平面的建筑物，可分段展开绘制立面图、室内立面图，但均应在图名后加注"展开"二字。

3）有定位轴线的建筑物，宜根据两端定位轴线号编注立面图名称（如：①—⑩立面图）。无定位轴线的建筑物可按平面图各面的朝向确定名称（如：南立面图）。

4）在建筑物立面图上，相同的门窗、阳台、外檐装修、构造做法等可在局部重点表示，绘出其完整图形，其余部分只画轮廓线。

6．表达的表现性

1）配景：立面图宜有周边环境和人的行为的整体表达，但要以不遮挡立面设计特点为前提。

2）阴影：选择最具表现力的投影角度，投影区域不宜过大，宜呈半透明，注意避免遮蔽图形线条而影响规范性表达。

3）色彩：多表达对象真实的色彩；立面的表达应符合结构的逻辑性；应与剖面、平面一一对应。

8.1.4　建筑剖面图

建筑剖面是假想用一个垂直剖切平面把房屋剖开，将观察者与剖切平面图之间的部分房屋移开，把留下的部分对与剖切平面平行的投影面作正投影，所得到的正投影图，我们将其称为建筑剖面图（图8-1-10）。

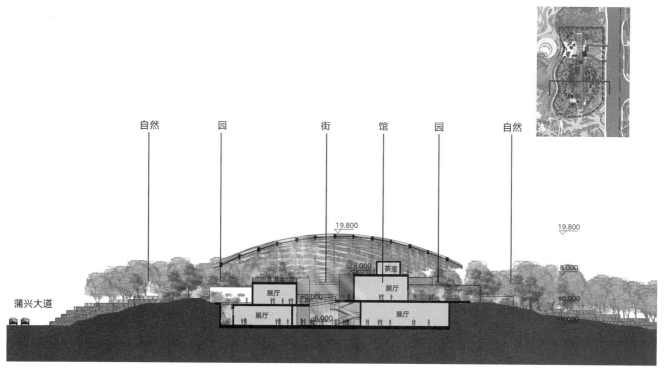

图8-1-10　建筑剖面图

1．表达内容

建筑剖面主要表达垂直方向的内部构造和结构形式、分层情况、层高、上下各层的交通联系、主要部位标高、门窗洞高度及窗间墙的高度。

1）剖切部位，应根据图纸的用途或设计深度，在平面图上选择能反映全貌、构造特征以及有代表性的部位剖切（图8-1-10）。

2）建筑剖面图内应包括剖切面和投影方向可见的建筑构造、构配件。

3）各层标高及室外地面标高，室外地面至建筑檐口（女儿墙）的总高度。

4）若遇有高度控制时，还应标明最高点的标高。

5）画室内立面时，相应部位的墙体、楼地面的剖切面宜有所表示。

6）剖面编号、比例或比例尺。

7）剖面图的名称必须与平面图上所标的剖切位置和剖视方向一致。

8）剖面图中的尺寸标注分为外部尺寸和内部尺寸。

（1）内部尺寸：各层楼地面标高、楼梯平台标高、门洞高度（图8-1-11）。

（2）外部尺寸：总高度，层高，窗洞及窗间墙高度，各主要部位（室外地坪、出入口地面、窗台、门窗顶、檐口、墙顶）的标高（图8-1-12）。

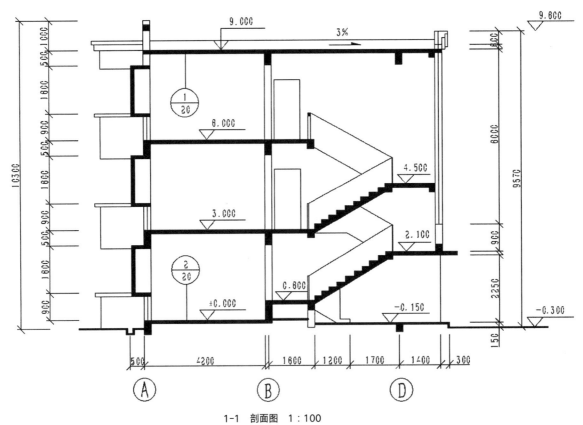

1-1 剖面图   1：100

图8-1-11   1-1剖面图

A-A剖面图　1:100

图8-1-12　A-A剖面图

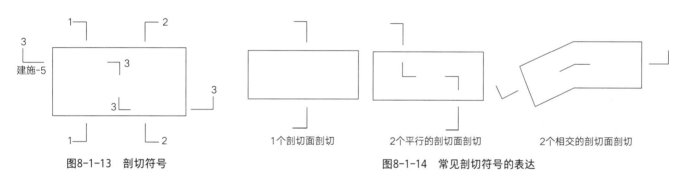

图8-1-13　剖切符号

图8-1-14　常见剖切符号的表达

9）剖切符号。

（1）剖切符号应由剖切位置线及投射方向线组成，均应以粗实线绘制。剖切位置线的长度宜为6~10mm；投射方向线应垂直剖切位置线，长度应短于剖切位置线，宜为4~6mm。绘制时，剖视的剖切符号不应与其他图线相接触（图8-1-13）。

（2）剖视剖切符号的编号宜采用阿拉伯数字，按顺序由左至右、由下至上连续编排，并应注写在剖视方向线的端部。

（3）需要转折的剖切位置线，应在转角的外侧加注与该符号相同的编号。

（4）建（构）筑物剖面图的剖切符号，宜注在±0.00标高的平面图上。

2．表达的规范性

1）剖切号可以转折，注意规范性；用两个相交的剖切面剖切时，应在图名后注明"展开"字样（图8-1-14）。

2）正确反映结构关系，尤其是梁、女儿墙、楼梯的剖切面和投影方向可见部分。

3）注意室内外高差的线条表达和相应标高标注。

4）不要画加粗的可见部分轮廓线，会被误认为是剖切面。

3．表达的表现性

1）一般原则：各种表现性的表达手段不得影响各项规定内容的规范性表达。

2）阴影：为了更直观地反映建筑体量的高差关系，可以在总图上表示建筑阴影。投影角度应符合某时刻真实日照角度，投影区域不宜过大，应呈半透明状态。

3）色彩：一般不必要。需要时，可以表达对象的真实色彩，或用色彩区别场地内建筑与周围建筑。

4）切忌把总图当作分析图使用，而使用多余的符号、标注、色彩。方案的各种特性应该由各种分析图表达。

8.1.5　建筑详图

因为平面图、立面图、剖面图比例较小，无法表达清楚某些部位的构造做法、尺寸大小及所用材料等，故需用较大的比例绘制某些部位或结构的图样，作为施工的依据。这种图样称为建筑详图。

特点：比例大（一般不小于1∶20），尺寸标注齐全、准确，文字说明详尽。

建筑详图是建筑细部的施工图，是建筑平面图、立面图、剖面图等基本图纸的补充和深化，是建筑工程的细部施工、建筑构配件制作及编制预决算的依据。

1）索引符号与详图符号

索引符号：图样中的某一局部或构件，如需另见详图，应以索引符号索引。索引符号是由直径为10mm的圆和水平直径组成，圆及水平直径均应以细实线绘制（图8-1-15）。索引符号应按下列规定编写：

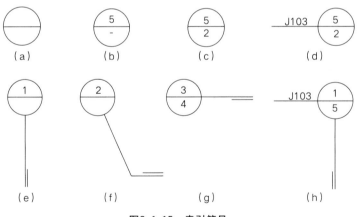

图8-1-15　索引符号

（1）索引出的详图，如与被索引的详图在同一张图纸内，应在索引符号的上半圆中用阿拉伯数字注明该详图的编号，并在下半圆中间画一段水平细实线。

（2）索引出的详图，如与被索引的详图不在同一张图纸内，应在索引符号的上半圆中用阿拉伯数字注明该详图的编号，在索引符号的下半圆中用阿拉伯数字注明该详图所在图纸的编号。数字较多时，可加文字标注。

（3）索引出的详图，如采用标准图，应在索引符号水平直径的延长线上加注该标准图册的编号。

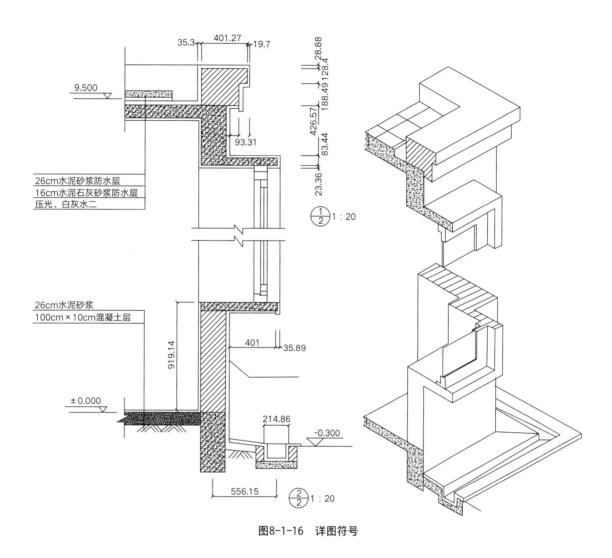

图8-1-16　详图符号

　　索引符号如用于索引剖视详图，应在被剖切的部位绘制剖切位置线，并以引出线引出索引符号，引出线所在的一侧应为投射方向。

　　2）详图符号

　　详图的位置和编号，应以详图符号表示（图8-1-16）。详图符号的圆应以直径为14mm粗实线绘制。详图应按下列规定编号：

　　（1）详图与被索引的图样在同一张图纸内时，应在详图符号内用阿拉伯数字注明详图的编号。

　　（2）详图与被索引的图样不在同一张图纸内时，应用细实线在详图符号内画一水平直径，在上半圆中注明详图编号，在下半圆中注明被索引的图纸的编号。

8.1.6　透视图

1．表达的内容

　　1）场地内建筑与周围建筑和其他环境要素的总体关系。

图8-1-17 建筑效果图

图8-1-18 建筑鸟瞰效果图

2）建筑形态（形状、体量、材料、做法、色彩等）（图8-1-17）。

3）体现设计特点的建筑内外主要空间和场景，如：主要室外场地、主要入口附近、建筑内部有特色的空间以及空间中人的典型行为（图8-1-18）。

2．表达的规范性

1）准确的透视关系。

2）与总平面、平面、立面、剖面等图纸的准确对应。

3．表达的表现性

各图传达的信息要有典型性、互补性，避免重复表现。

8.1.7 布图

1．布图的要点

1）逻辑性强：组织各个部分图纸，使之有效地表达自己的思维过程

（1）应清楚自己想让读者以何种方式、何种顺序解读自己的设计。

（2）应清楚每张图纸上表达的重点内容是什么。

（3）图纸上构图样式的选择和外加的装饰应与设计表达有密切联系。

2）饱满有力：不仅视觉上有饱满感，同时做到信息量饱满

每张图纸上布置图的数量不宜过少，图纸较少也可通过其他方式充实图面（带底色的图纸、色带、特殊的构图形式或具有冲击力和深度的建筑表达）。

图纸中每个图的内容应完整，除满足基本要求的图纸外应补充进行设计解读的其他图纸（各类分析图、表现图，具体详见各分项图纸的表达要求）。

有良好的表现手法（具体详见各分项图纸的表达要求）。

3）统一有序

一套图纸内的几张图应在布图方式上统一（图框、色调、色带位置、大字、编号、图名），统一不代表完全一致。

一份图纸中同一类型图（分析图、平面图、立面图、剖面图等）摆放的位置应有一定的对位关系。

同一套图内平面、立面、剖面各种图的表现手法应当一致。

4）重点突出

在一套图纸中重点表现的内容应突出（所占的面积、放置的位置、所选取角度的视觉冲击力、表现的深度、通过色彩进行反衬等）。

2．几种常用的布图模式

1）网格法、单元法。

2）图底法（对比、共融）：通过底色、图纸本身色彩的轻重关系，形成对比（底部、顶部、中部、一侧、强调斜向、强调水平、强调垂直）。

3）独立构图法。

4）综合运用法（图8-1-19）。

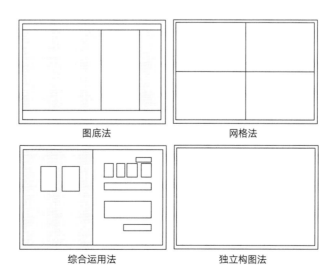

图8-1-19　常用的布图模式

8.2   不同阶段建筑的设计表达要求

基于住建部组织编制的《建筑工程设计文件编制深度规定（2016版）》，建筑工程图纸设计一般应分为方案设计、初步设计和施工图设计三个阶段。设计文件呈现了由粗到细、由简到详的变化过程。对有些小型和技术简单的城市建筑，可以以方案阶段代替初步设计阶段，而有些复杂的工程项目，则还需要在初步设计阶段和施工图设计阶段之间插入技术设计阶段。因此，根据不同阶段的工作要求设计表达要求也各有侧重。

8.2.1   方案设计阶段

方案设计（概念设计）是投资决策之后，由咨询单位将可行性研究提出意见和问题，经与业主协商认可后提出的具体开展建设的设计文件，其深度应当满足编制初步设计文件和控制概算的需要。方案设计文件应满足编制初步设计文件的需要，应满足方案审批或报批的需要。

8.2.2   初步设计阶段

初步设计（基础设计）的内容依项目的类型不同而有所变化，一般来说，它是项目的宏观设计，即项目的总体设计、布局设计、主要的工艺流程、设备的选型和安装设计、土建工程量及费用的估算等。初步设计文件应当满足编制施工招标文件、主要设备材料订货和编制施工图设计文件的需要，是下一阶段施工图设计的基础。

8.2.3   施工图设计阶段

施工图设计（详细设计）的主要内容是根据批准的初步设计，绘制出正确、完整和尽可能详细的建筑、安装图纸，包括建设项目部分工程的详图、零部件结构明细表、验收标准、方法、施工图预算等。此设计文件应当满足设备材料采购、非标准设备制作和施工的需要，并注明建筑工程合理使用年限。施工图设计文件应满足设备材料采购、非标准设备制作和施工的需要。

8.2.4   建筑设计图纸

建筑设计图纸包括：目录，区域位置图（四至图），总平面图，地下室各层平面，首层及以上各层平面（各层平面注出建筑面积、首层平面另加注总建筑面积），各向立面图、剖面图（剖面应剖在层高、层数不同、内外空间比较复杂的部位）。

8.2.5   总平面

总平面包括区域位置图（四至图）、总平面图、消防分析图、绿化平面布置图、竖向布置图、综合管网图等。

1．建筑总平面图

1）保留的地形和地物。

2）测量坐标网、坐标值，场地范围的测量坐标（或定位尺寸），道路红线、建筑红线或用地界线。

3）场地四邻原有及规划道路的位置（主要坐标或定位尺寸）和主要建筑物及构筑物的位置、名称、层数、建筑间距。

4）建筑物、构筑物的位置（人防工程、地下车库、油库、贮水池、生化池等隐蔽工程用虚线表示），其中主要建筑物、构筑物应标注坐标（或定位尺寸）、名称（或编号）、层数，总平面图中应准确表达建筑物外轮廓线。

5）道路、广场的主要坐标（或定位尺寸），停车场及停车位，必要时加绘交通流线示意。

6）绿化、景观及休闲设施的布置示意，围墙、大门的布置图。

7）指北针或风玫瑰。

8）主要技术经济指标表。

9）说明栏内注写：尺寸单位、比例、地形图的测绘单位、日期、坐标及高程系统名称（如为场地建筑坐标网时，应说明其测量坐标网的换算关系），补充图例及其他必要的说明等。

2．消防分析图

1）在已完成的总平面布置图上表示，主要内容为消防车道的宽度、坡度、转弯半径、尽头式消防车道的回车场（高层为18m×18m、小高层为15m×15m），消防扑救场地范围及坡度，范围：建筑底边至少有一个长边或周边长度的1/4且不小于一个长边的长度，场地进深高层为18m，小高层为15m，此范围内必须设有直通室外的楼梯或直通楼梯间的出口，场地坡度不大于5%。

2）说明：

（1）消防登高扑救场地下的管沟、暗沟、水池、生化处理构筑物及地下车库顶板，能承　　受大型消防车荷载。

（2）消防登高扑救场地上方不应设置影响消防车停靠和操作的难以拆除的固定障碍物，　　如花池、树池及种植高大乔木等。

（3）本图通过审查后应作为园林景观设计条件和依据。

3．绿化平面布置图

1）在已完成的总平面布置图上画出绿地、平台绿化、植草砖铺地、人工景观水体、集中（公共）绿化范围，并按《×××市建设项目配套绿地管理技术规定》中的相应要求计算面积。

2）按审查要求列表：说明绿化计算依据、原则，说明集中（公共）绿地、自然河流、游泳池等不计入绿地面积。

4．竖向布置图

1）场地范围的测量坐标值（或注尺寸）。

2）场地四邻的道路、地面、水面及其关键性标高。

3）保留的地形、地物。

4）建筑物、构筑物的名称（或编号），主要建筑物和构筑物的室内设计标高，场地临空面处的安全防护措施。

5）主要道路、广场的起点、变坡点、转折点和终点的设计标高，以及场地的控制性标高。

6）用箭头或等高线表示地面坡向，并表示出护坡、挡土墙、排水沟等。

7）指北针。

8）注明尺寸单位、比例，画出图例。

9）本图可视工程的具体情况与总平面图合并，场地复杂时，应绘出场地典型剖面关系图，反映出原有地形地貌、周边建筑、道路、支挡关系，设计的场地地形、支挡、建筑物地下地上关系等。

10）根据需要利用竖向布置图绘制土方图及计算出平整土方工程量。

5．综合管网图

1）全部建筑物和构筑物的平面位置、道路等，并标出主要定位尺寸或坐标、指北针（或风玫瑰图）等。

2）各主要管线平面布置，标注主要管线方向、变（配）电站的位置、生物化学处理池等构筑物位置。

3）场地内主要管线与城市管线系统连接点的控制位置。

4）一般单体建筑可不出综合管网图。

【思考】

建筑设计图各阶段的应用：

1．不同设计阶段建筑的设计表达。

2．建筑设计图在应用中的表达要求。

第9章
建筑装饰设计图

BUILD

9.2　9.1

建筑装饰设计图的表达规范

建筑装饰设计图表达要求

» 内容与目标：

　　本章对建筑装饰设计图进行详细介绍，包括建筑装饰设计图的表达规范、建筑装饰设计图的表达要求等内容，使学生在掌握投影原理和建筑立体概念的基础上，了解建筑装饰设计图表达规范的同时能够周密考虑所想的设计方案，用图纸和文件规范地表达出来。

» 建议学时：4学时

要点： 1. 建筑装饰设计图各阶段的应用思路。

　　　　 2. 建筑装饰设计图的表达规范。

　　　　 3. 建筑装饰设计图的表达要求。

» 参考书目：

中华人民共和国住房和城乡建设部. 建筑制图标准：GB/T 50104—2010[S].
北京：中国建筑工业出版社，2010.

建筑装饰装修施工是建筑施工的延续，所谓建筑装饰，是指以美化建筑及其空间为目的的行为，建筑装饰具有保护建筑结构构件，美化建筑及建筑空间，改善建筑室内外环境，营造建筑空间风格，满足人们物质需求和精神需求等多方面的功能。

9.1　建筑装饰设计图的表达规范

9.1.1　建筑装饰设计的分类

建筑装饰设计制图方式可分为手工制图、计算机辅助制图。手工制图分徒手绘图和使用制图工具绘图两种。一般情况下，手绘方式多用于方案构思设计阶段，计算机辅助制图多用于施工设计阶段。

方案设计阶段：方案设计阶段形成方案图。方案图包括平面图、顶棚图、立面图、剖面图及透视图，一般要进行色彩表现，主要用于向业主或招标单位进行方案展示和汇报。

施工图设计阶段：施工设计阶段形成施工图。施工图包括平面图、顶棚图、立面图、剖面图和构造详图，它是施工的主要依据，需要详细、准确地表示出室内布局，以及各部分形状、大小、材料和构造做法等内容。

根据建筑空间关系的不同，建筑装饰设计分为建筑室外装饰设计和建筑室内装饰设计两部分。其中，建筑室外装饰设计可分为建筑外部装饰设计和建筑外部环境装饰设计；建筑室内装饰设计可根据建筑类型及其功能的设计分为居住空间建筑室内装饰设计、公共建筑室内装饰设计、工业建筑室内装饰设计和农业建筑室内装饰设计。

9.1.2　建筑装饰设计图表达规范

1．平面图画法

一般情况下，凡是剖到的墙、柱的断面轮廓线用粗实线表示，家具、陈设、固定设备的轮廓线用中实线表示，其余投影线以细实线表示（图9-1-1）。

2．平面图的标注

在平面图中应注写各个房间的名称、房间开间、房间进深以及主要空间分隔物和固定设备的尺寸、不同地坪的标高、立面指向符号、详图索引符号、图名、比例等。

1）内视符号

由一个等边直角三角形和细实线圆圈（直径为8~12mm）组成。等边直角三角形中，直角所指的垂直界面就是立面图所要表示的界面。圆圈上半部的字母或数字为立面图的编号，下半部的数字为该立面图所在图纸的编号（图9-1-2）。

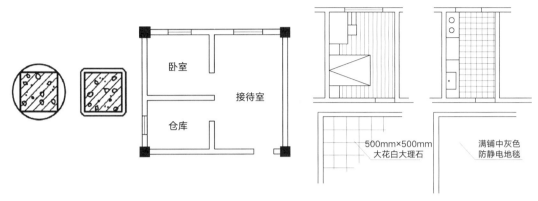

柱子的外轮廓画法　　　钢筋混凝土墙、柱的涂黑画法　　　　地面的表示方法

图9-1-1　建筑装饰表达规范设计图表

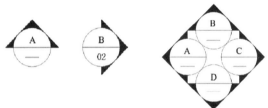

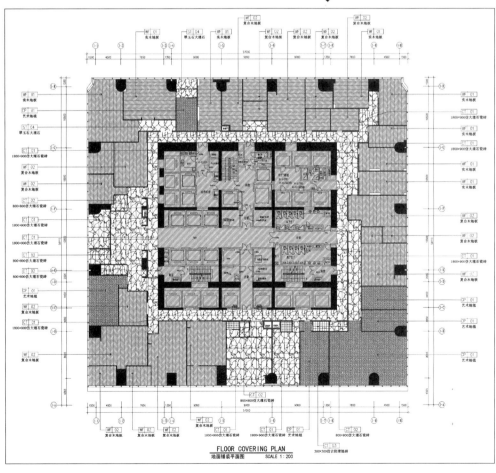

图9-1-2　平面图

（来源：随宏达　绘制）

2）常用图示标志（图9-1-3）

符号	说明	符号	说明
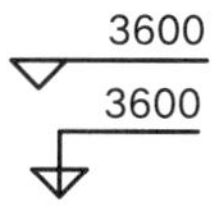 ▽3600　▽3600	标高符号，线上文字为标高值，单位为 m；下面一种在标注位置比较拥挤时采用	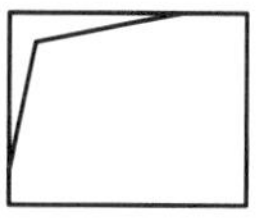	楼板开方板
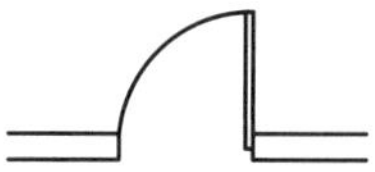	单扇平开门		子母门
	双扇平开门		卷帘门
	旋转门	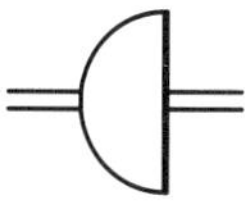	单扇双向弹簧门
	单扇推拉门		双扇推拉门
	窗	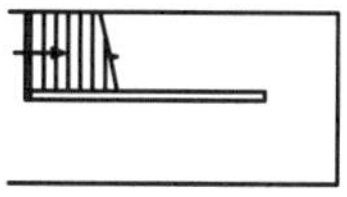	首层楼梯
	顶层楼梯		中间层楼梯

图9-1-3　常用图示标志

3）常用材料符号（图9-1-4）

材料图例	说明	材料图例	说明
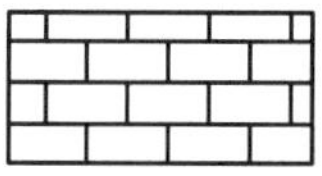	毛石砌体	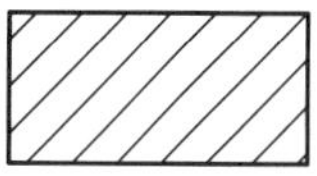	普通砖
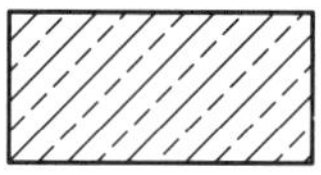	石材	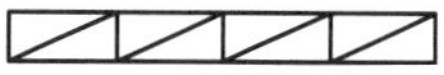	空心砖
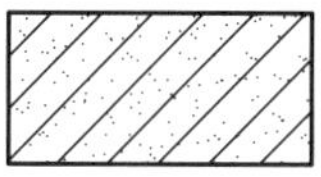	钢筋混凝土	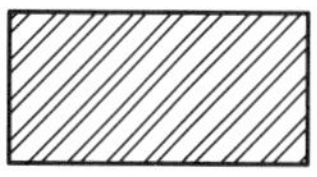	金属
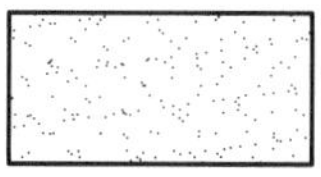	混凝土	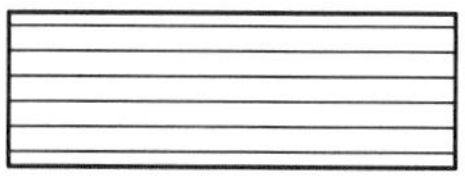	玻璃
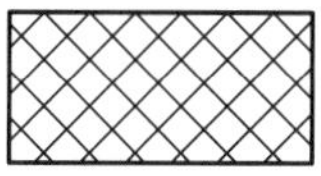	多孔材料		防水材料，可根据绘图比例选择上下两种
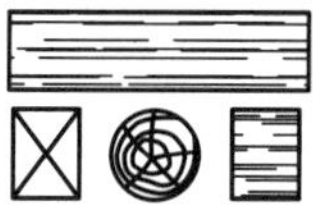	木材	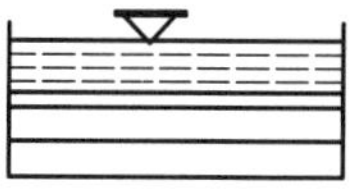	液体，须注明液体名称

图9-1-4　常用材料符号

9.2　建筑装饰设计图表达要求

建筑装饰设计图应根据初步设计方案进行编制，编制顺序为：封面、图纸目录、设计说明、图纸（平面图、立面图、剖面图及大样图、详图）、工程预算书及工程施工阶段的材料样板。

9.2.1　封面
封面包括项目名称、建设单位名称、设计单位名称、设计编制时间等（图9-2-1）。

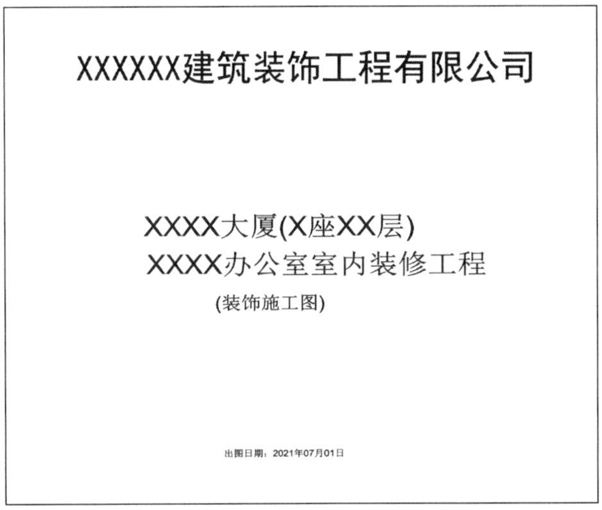

XXXXXX建筑装饰工程有限公司

XXXX大厦(X座XX层)
XXXX办公室室内装修工程
(装饰施工图)

出图日期：2021年07月01日

图9-2-1　封面

1．图纸目录
目录是施工图纸的明细和索引。图纸依次按首页（设计说明、材料做法表、装修门窗表）、基本图（平面图、立面图、剖面图）和详图三类编排目录。

2．设计说明
施工图是以图样表现如何建造，施工图说明则用准确的语言和数字进一步描述施工质量和要求，主要介绍工程概况、设计依据、设计范围及分工、施工及制作时应注意的事项。使施工单位对工程概况有总体认识，是指导施工的重要依据。其内容为：

1）本项目工程施工图的设计依据。

2）根据初步的方案设计，说明项目概况（项目名称、项目地点、建设单位、建筑面积、耐火等级、设计依据、设计构思和设计元素等）。

3）项目中特殊要求的做法说明。

4）采取的新材料、新做法的说明。

3．材料做法表
材料做法表包括设计范围内各部位的装饰用料及构造做法，以文字逐层叙述的方法为主

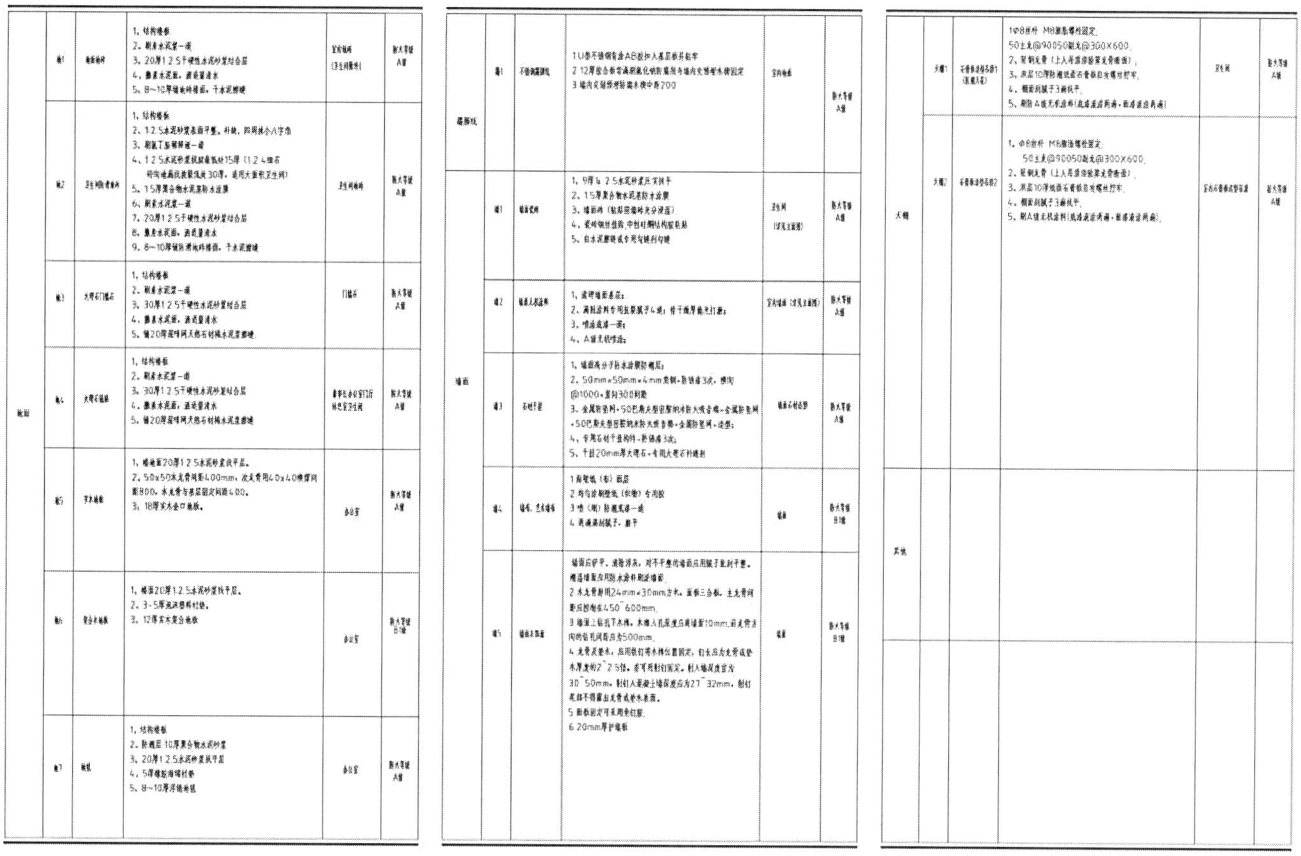

图9-2-2　装修做法

或者引用标准图做法与编号，否则应另绘详图交代。除以文字说明，也可以用表格形式表达（图9-2-2）。

4．材料样板

材料样板是在室内设计中通过材料样片制作的一项设计文件，可以直观地反映工程项目所使用的主要材料。文件包括主要材料在设计中的使用位置、搭配方式、各种用量，材料的技术参数、规格、生产厂家、价格等。

材料样板与主要材料表、工程概预算所列的材料项目相对应。正式确认后，交呈甲方封存，材料样板就具备法律效应，是工程验收的法律依据之一。材料样板中所有样片必须具有1：1纹理的真实材料。一般根据项目的使用空间来划分制作单元，每个单元分为空间界面材料和家具、织物两类。需要在样板中标明材料的使用位置、各总用量，如在相应的平面使用位置，标明材料各项技术参数、规格、生产厂家、价格等。

在施工图纸中，与构造做法直接对应的部分通常包括顶棚平面布置图、顶棚各节点大样图、墙体各节点大样图、地面铺装布置图、地面细部大样图、门窗平面图、门窗各节点构造大样等。

9.2.2 建筑装饰设计平面图

平面图是建筑装饰设计施工图中最基本、最主要的图纸，其他图纸（立面图、剖面图及详图）是以其为依据派生和深化而成的，也是其他相关工种（结构、水暖、照明等）进行分项设计与制图的重要依据。

平面图所表达的是设计对各层室内的功能与交通、家具及设施布置，地面材料及分割，以及施工尺寸、标高、详图的索引符号等。

1）用细实线和图例表示剖切到的原建筑实体断面，并标注相关尺寸，如墙体、柱子、门窗等。

2）用粗实线表示装修项目涉及范围的建筑装修界面部、配件及非固定设施的轮廓线，并标注必要的尺寸和标高。

3）顶棚平面图所表达的是各层室内的照明方式，灯具，消防感烟，喷淋布置，空调设备的进、回风口位置以及各级吊顶的标高、材料、索引符号等。

4）地面铺装图（图9-2-3）。

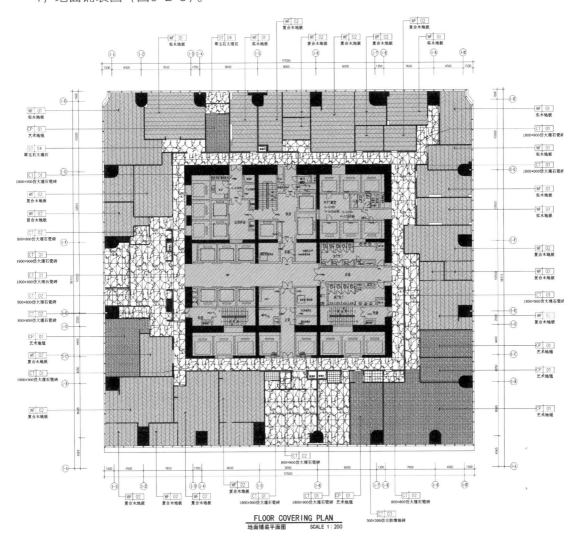

图9-2-3　地面铺装图

9.2.3　建筑装饰设计立面图

立面图是用以表达室内各立面方向造型、装修材料及构件的尺寸形式与效果的直接正影图。立面图表达的内容为投影方向可见的室内装修界面轮廓线和构造、配件做法，必要的尺寸和标高（图9-2-4）。

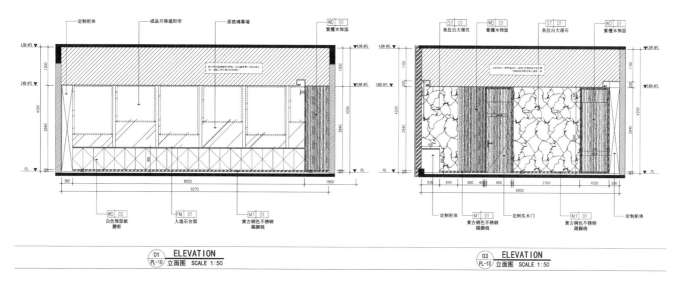

图9-2-4　立面图

立面图的绘制要求：

（1）室内各方向界面的立面应绘全。

（2）各部分节点、构造应以详图索引，注明材料名称或符号。

（3）在平面图中表示不出的编号，应在立面图上标注。

（4）立面图的名称可按平面图各面的编号确定，也可以根据立面图两端的建筑定位轴线编号确定。

（5）前后重叠时，前者的外轮廓线宜向外侧加粗，以方便看图。

（6）立面图的比例，根据其复杂程度设定，不必与平面图相同。

（7）完全对称的立面图，可只画一半，在对称轴处加绘对称符号即可。

9.2.4　建筑装饰设计剖立面图

1．剖立面图的表达内容

1）用细实线和图例画出所剖的原建筑实体切面（如墙体、梁、楼板等），并标注出必要的相关尺寸和材料。

2）用粗实线绘出投影方向的装修界面轮廓线，并标注出必要的相关尺寸和材料。

3）有时在投影方向可以看到室外局部立面，如果其他立面没有表示过，则用细实线画出该局部立面。

2．剖立面图的绘制要求（图9-2-5）

1）剖视位置宜选择在层高不同、空间比较复杂、具有代表性的部位。

2）剖视图中应注明材料名称、节点构造及详图索引符号。

3）主体剖切符号一般应绘在底层平面图内。剖视方向宜向上、向左，以利于看图。

4）标高指装修完成面及吊顶底面标高。

5）内部高度尺寸，主要标注吊顶下净高尺寸。

6）鉴于剖视位置多选在室内空间比较复杂、最有代表性的部位，因此墙身大样或局部节点应从剖立面图中引出，对应放大绘制，以表达清楚。

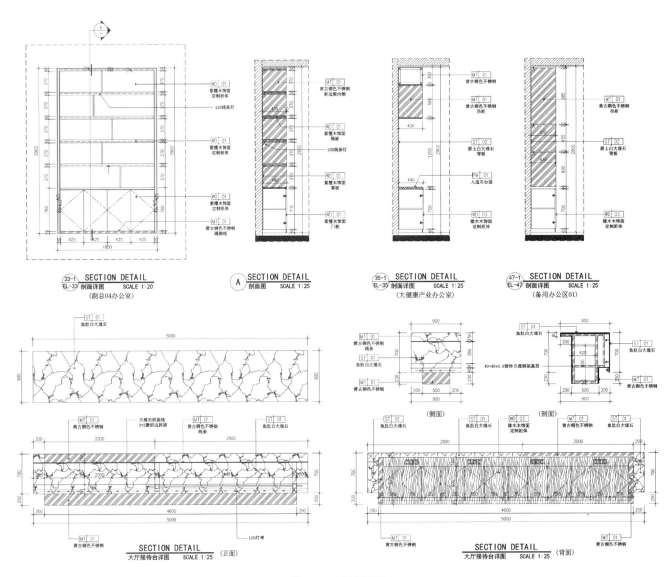

图9-2-5　剖立面图

9.2.5　建筑装饰设计详图

1．大样图

1）局部详细的放大比例的样图（图9-2-6）。

2）注明详细尺寸。

3）注明所需的节点剖切索引号。

4）注明具体的材料编号及说明。

5）注明详图号及比例，比例：1∶1、1∶2、1∶4、1∶5、1∶10。

2．节点

1）详细表达出被切截面从结构体至面饰层的施工构造连接方法及相互关系。

2）表达出紧固件、连接件具体的图形与实际比例尺度（如膨胀螺栓等）。

3）表达出详细的面饰层造型与材料编号及说明。

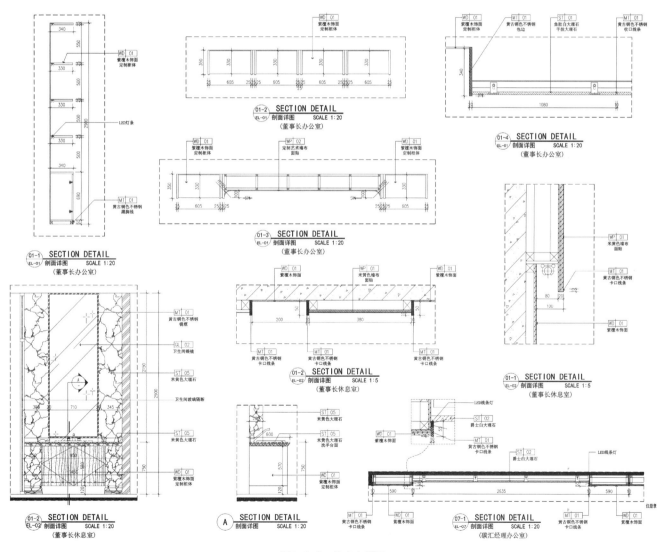

图9-2-6　节点大样图

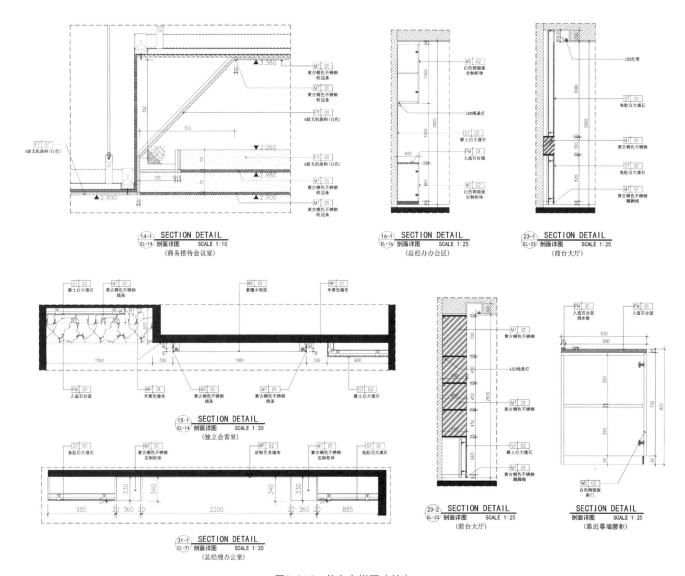

图9-2-6　节点大样图（续）

4）表达出各断面构造内的材料图例、编号、说明及工艺要求。

5）表达出详细的施工尺寸。

6）注明有关施工要求。

【思考】

建筑装饰设计图各阶段的应用思路：

1. 建筑装饰设计图的表达规范。

2. 建筑装饰设计图的表达要求。

第10章
景观设计图

BUILD

10.3 10.2 10.1

景观设计的表达规范

不同设计阶段景观的设计表达

景观设计图的表达要求

» 内容与目标:

景观设计,是指风景与园林的规划设计,其要素包括自然景观要素和人工景观要素。本章对景观设计图进行详细介绍,包括景观设计的表达规范、不同设计阶段景观的设计表达、景观设计图的表达要求等内容。在掌握景观设计表达规范的同时,了解景观设计图在不同设计阶段的表达,并能将设计方案通过图纸、文件规范地表达出来。

» 建议学时:4学时

要点:1.掌握景观设计图各阶段的应用思路。

　　　2.了解不同设计阶段景观的设计表达。

　　　3.掌握景观设计图在应用中的表达要求。

» 参考书目:

中华人民共和国住房和城乡建设部. 总图制图标准:GB/T 50103—2001[S].

北京:中国建筑工业出版社,2001.

10.1 景观设计的表达规范

10.1.1 园路设计表达

园路道路平面表示的重点在于道路的线型、路宽、形式及路面式样。

根据设计深度的不同，可将园路平面表示法分为两类，即规划设计阶段的园路平面表示法（图10-1-1）、施工图设计阶段的园路平面表示法（图10-1-2）。

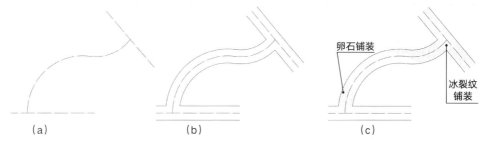

图10-1-1　园路设计表达示意图

1）绘制园路平面图的基本步骤

（1）确立道路中线（图10-1-1a）。

（2）根据设计路宽确定道路边线（图10-1-1b）。

（3）确定转角处的转弯半径或其他衔接方式，并可酌情表示路面材料（图10-1-1c）。

2）施工图设计阶段的园路平面表示法（图10-1-2）

3）标注相应的数据

在施工设计阶段，用比例尺量取数值已不够准确，因此必须标注尺寸数据图。园路施工设计的平面图通常还需要大样图，以表示一些细节上的设计内容，如路面的纹样设计（图10-1-3）。

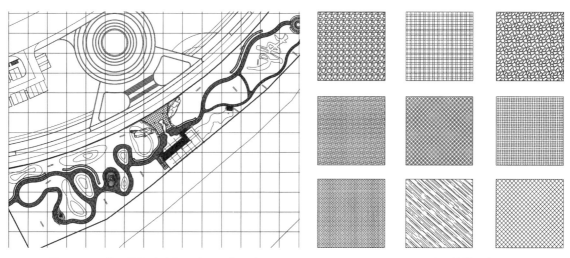

图10-1-2　施工图设计阶段园路平面表示法　　　　　图10-1-3　路面纹样示意图

10.1.2 植物设计表达

1．乔木表达

园林植物是园林设计中应用最多，也是最重要的造园要素。

园林植物的平面图是指园林植物的水平投形图（图10-1-4）。一般采用图例概括地表示，其方法为：用圆圈表示树冠的树形和大小，用黑点表示树干的位置及粗细。应根据树龄比例画出成龄的树冠大小（表10-1-1）。

第一步：定树干和树冠位置、大小（图10-1-4a）；

第二步：画主枝（图10-1-4b）；

第三步：画细枝和树叶（图10-1-4c）。

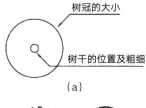

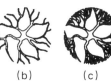

图10-1-4　园林植物平面图

成龄树冠冠径（单位：m）　　　　　　　　　　表 10-1-1

树种	孤植树（主景树）	高大乔木	中小乔木	常绿乔木	花灌木	绿篱
冠径	10 ~ 15	5 ~ 10	3 ~ 7	4 ~ 8	1 ~ 3	单行宽度：0.5 ~ 1.0 双行宽度：1.0 ~ 1.5

树木平面画法并无严格的规范，实际工作中根据构图需要，设计师可以创作许多画法（图10-1-5 ~ 图10-1-8）。

植物平面布置图以某市生态科技产业园展示馆室外景观植物设计为例（图10-1-9）。

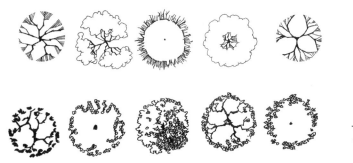

图10-1-5　各类树木平面图表达方式

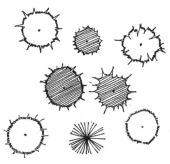

图10-1-6　针叶树平面图表达方式

图10-1-7　阔叶树平面图表达方式

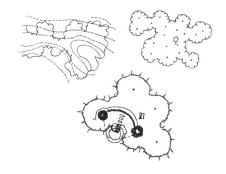

图10-1-8　树群平面图表达方式

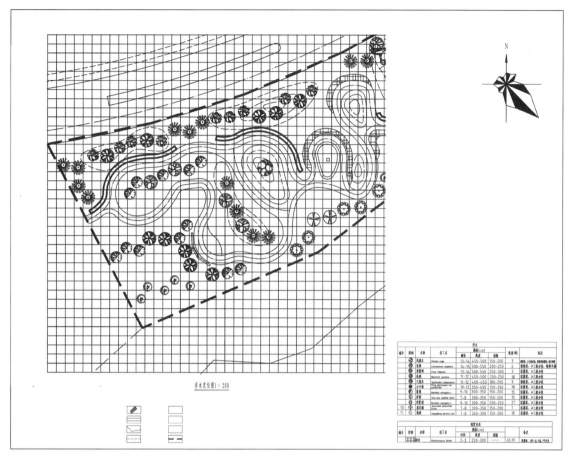

图10-1-9　乔木平面布置图

2．灌木及地被表达

灌木与乔木不同，没有明显的主干，植株相对较矮小，因此灌木在风景园林中的运用有所不同；灌木以片植为主，也可单株种植。单株灌木的画法与乔木相同。片植的灌木有自然式和规则式两种种植方式，可用轮廓、分枝、枝叶或质感的方式表示，表示时以栽植范围为准（图10-1-10、图10-1-12）。

草地的表达方式有很多，主要有打点法、小短线法、线段排列法（图10-1-11）。

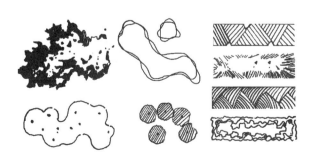

图10-1-10　单株和片植灌木表达方式

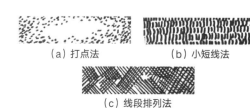

（a）打点法　　　（b）小短线法

（c）线段排列法

图10-1-11　草地的表达方式

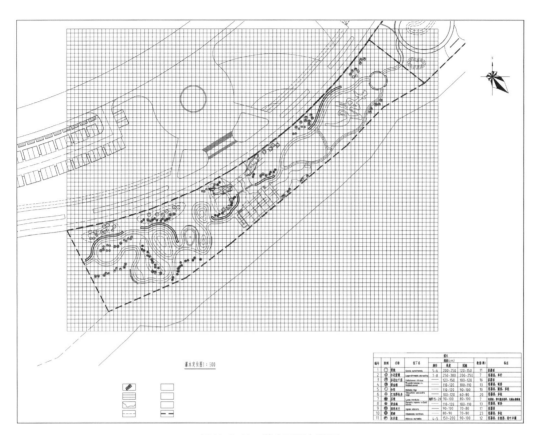

图10-1-12　灌木平面布置图

10.1.3　水体及山石的表达

1．水体表达

水体平面图表达采用线条法（图10-1-13a）、等深线法（图10-1-13b）、平涂法（图10-1-13c）和添景物法（图10-1-13d），前三种表示方法直接绘制水体，最后一种表示方法是间接表示法，通过水体周边的物体暗示水体。

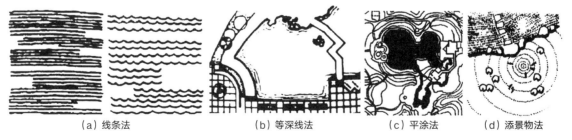

（a）线条法　　　　　（b）等深线法　　　　　（c）平涂法　　　（d）添景物法

图10-1-13　水体平面图表达方式

2．山石表达

山石平面图是在水平投影上表示出根据俯视方向所得山石形状结构的图样，主要表现山石在平面方向的外形、大小及纹理（图10-1-14、图10-1-15）。

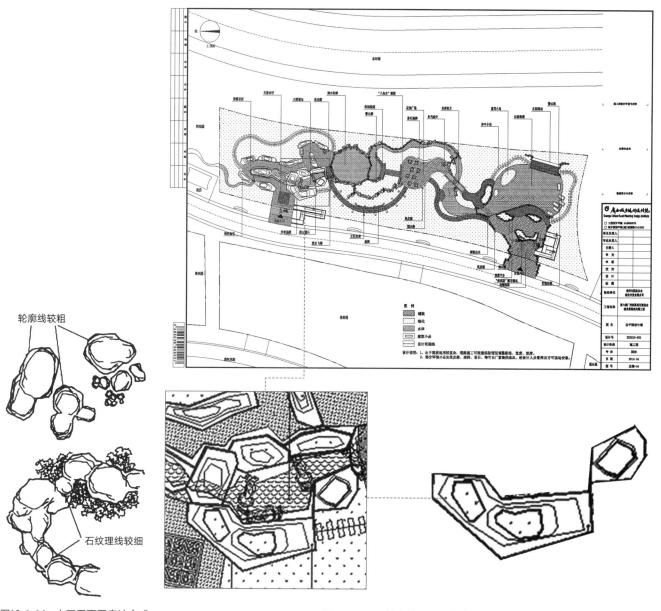

轮廓线较粗

石纹理线较细

图10-1-14　山石平面图表达方式

图10-1-15　某室外景观设施布置图

10.2 不同设计阶段景观的设计表达

拉·维莱特公园是法国总统密特朗任职期间为纪念法国大革命200周年而主持的在巴黎建设的九大工程之一。当时，法国政府为此组织了一场公开的国际竞赛。公园在建造之初，其目标就定为：一个属于21世纪的、充满魅力的、独特并且有深刻思想和意义的公园。当时正值法国园林复兴运动的初期，在这样的背景下，无论是拉·维莱特公园的业主还是建筑师屈米，都意在创造一个与以往园林风格大不相同的作品，一个21世纪公园的样板（图10-2-1）。

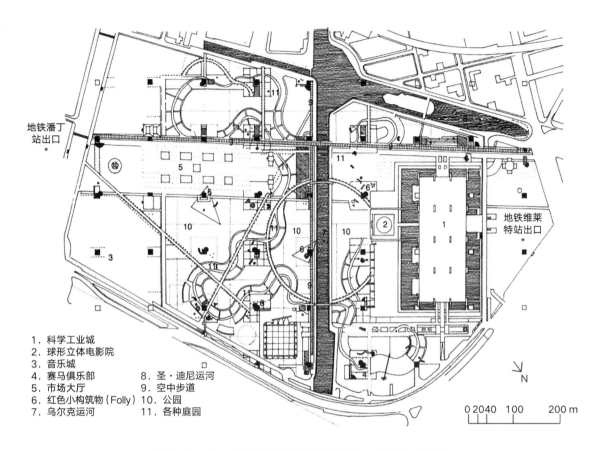

1. 科学工业城
2. 球形立体电影院
3. 音乐城
4. 赛马俱乐部   8. 圣·迪尼运河
5. 市场大厅   9. 空中步道
6. 红色小构筑物（Folly）10. 公园
7. 乌尔克运河   11. 各种庭园

图10-2-1　拉·维莱特公园平面图（建筑师：伯纳德·屈米）

现以拉·维莱特公园为例，了解不同设计阶段，景观的设计表达。

10.2.1　概念阶段

建筑师屈米提出了"园在城中，城在园中"的城市公园模式。力求创造一种公园与城市完全融合的结构，改变园林和城市分离的传统。这一结构并非停留于将公园的林荫道延伸到城市之中的简单层次，而是要做到城市里面有公园的要素，公园里面有城市的格局和建筑。

在概念阶段，徒手快速表达是此阶段最常用的方式之一（图10-2-2）。

屈米就是从法国传统园林中提取出点、线、面三个体系，并进一步演变成直线和曲线的形式，叠加成拉·维莱特公园的布局结构（图10-2-3）。

屈米跳出传统的设计构思手法和结构，提出了新的设

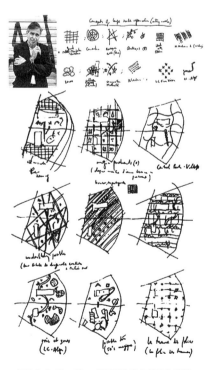

图10-2-2　拉·维莱特公园概念表达

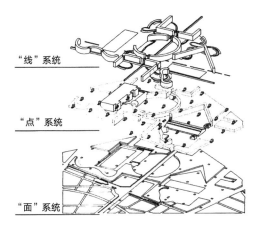

"线"系统

"点"系统

"面"系统

图10-2-3　拉·维莱特公园点、线、面体系表达1

计结构体系，即点、线、面的结合设计中运用了交叉重叠的手法。点系统、线系统和面系统交叉重叠后形成公园新的结构体系，"点"的构筑物和"线"的长廊成为原有建筑的延续，屈米最具代表的概念表达，就在于拉·维莱特中的Folies（红色的点系统）。

10.2.2　方案阶段

1．拉·维莱特公园"Folies"——红色的点系统（图10-2-4~图10-2-6）

方案阶段，屈米将自己的概念思想融入设计，并进一步思考，任务书中所要求的建筑面积与公共空间整合在一栋建筑中，再加上原有的两座保留建筑，会使整个公园显得拥挤不堪。因此，建筑的外体又是一个值得思考的问题。

按照不同功能主题探索点阵分布特点，发现儿童游乐区域位于园区的中心地带，餐饮休闲沿两条十字交叉的主干道分布，可不断延续生长，也可进行功能重置"Folies"（红点）（图10-2-7），使其均匀地分布于场地之中。

2．拉·维莱特公园线系统（图10-2-8）

在"点"的垂直坐标系统中，有着两条长约900m，附有顶盖

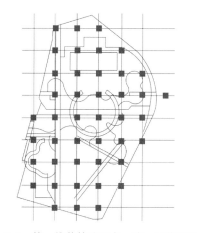

图10-2-4　拉·维莱特公园点、线、面体系表达2

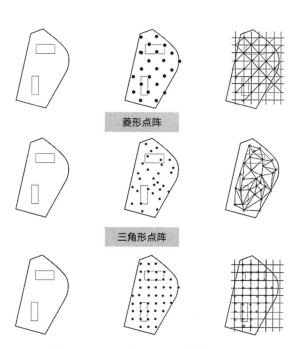

菱形点阵

三角形点阵

图10-2-5　拉·维莱特公园点阵体系表达

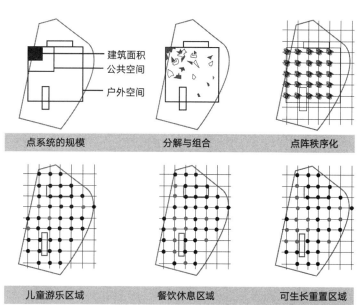

建筑面积　公共空间　户外空间

点系统的规模　分解与组合　点阵秩序化

儿童游乐区域　餐饮休息区域　可生长重置区域

图10-2-6　拉·维莱特公园点系统表达

图10-2-7   拉·维莱特公园"Folies"

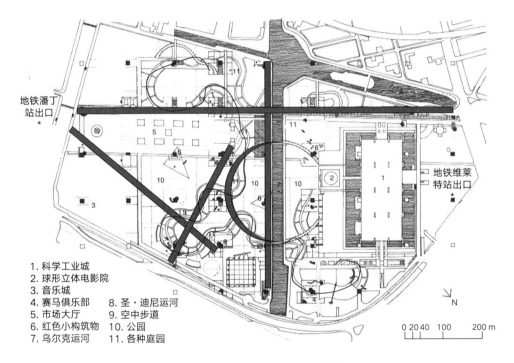

1. 科学工业城
2. 球形立体电影院
3. 音乐城
4. 赛马俱乐部   8. 圣·迪尼运河
5. 市场大厅   9. 空中步道
6. 红色小构筑物   10. 公园
7. 乌尔克运河   11. 各种庭园

图10-2-8   拉·维莱特公园线系统表达

图10-2-9   拉·维莱特公园"线"贯穿表达

式通道的"线性元素"贯穿整个公园。在机能方面，使公园在任何天气情况下，都可以提供穿越的功能。在意象方面，此通道不但在空间上贯穿，而且在时间上也象征着从过去到现在展览厅的转变。同时，自由曲线缓和了两条直线的生硬感，曲与直的配合使构图均衡（图10-2-9）。

3．拉·维莱特公园面系统

对于游乐场和露天音乐广场所需要的大型开放空间，屈米用了面的组织方式来表达，这是空间的第三层。这个体系还有10 个象征电影片段的主题花园和几块形状不规则的、耐踩踏的草坪，以满足游人自由活动的需要。

10.2.3　深化方案阶段

设计继续深化，思考点与各个部分的相互作用，并预想空间与活动之间产生的关系。通过不同阶段的思考探索及图解分析表达，得出整体方案。

10.3　景观设计图的表达要求

10.3.1　景观设计总平面

1．总封面

施工图总封面应标明以下内容：建设单位名称、项目名称和设计编号、设计单位名称、设计单位法定代表人、技术总负责人和项目总负责人的签字或授权盖章、设计日期等基本信息。

2．目录表

施工图目录表应按照封面、目录、设计说明、总图、详图、概算书的顺序编制，各专业负责人的签字处也可在本专业设计封面或目录上标明。

3．总平面图

总平面图反映的是设计区域总的设计内容，所以它包含的内容应该是最全面的，包括建筑、道路、广场、植物种植、景观设施、地形、水体等各种构景要素。规模小、建造简单的项目可以将以上内容绘制在一张总图上，但也有项目需要将以上内容分为若干张图来描述（图10-3-1）。分图构成形式、内容可根据设计者需求，增加、删减（图10-3-2）。

4．景观设计平面图

景观设计平面图主要包含以下内容：

1）景观元素的布局：包括但不限于入口、道路、种植区、水体、服务设施等，这些元素的位置和平面形状应清晰地标明。

2）地形设计：这是景观设计中非常关键的一部分，它涉及场地的地形变化，如坡度、高度、排水等，这些信息应明确表示出来。

3）植被设计：包括植物的种类、数量、种植位置等，这有助于明确植物景观的构成和生长特性。

4）设施位置：例如座椅、照明、垃圾桶等，这些都需要在景观设计平面图中标明。

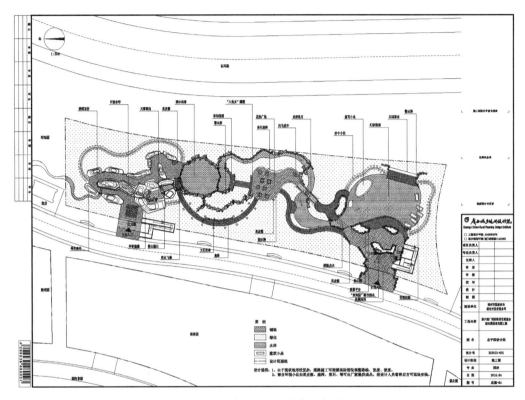

图10-3-1　河池市城市展园铺装及索引平面图

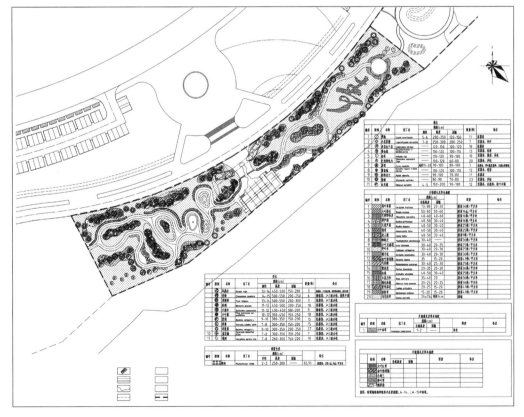

图10-3-2　分图构成形式

5）地面覆盖和材料：包括人行道、草坪、硬质地面等，以及它们所使用的材料。

6）水源和水景设计：如果设计中包含水源和水景，那么这些元素的位置和特性也应在平面图中表示出来。

7）尺寸标注：对于每一个重要的元素和区域，都应提供清晰的尺寸标注，以便理解其规模和比例。

8）文字标注和说明：对于一些特殊的设计意图或元素，可能需要文字标注作进一步解释。

9）图例和参照：为了帮助读者更好地理解平面图，通常会包含一些图例和参照，例如地图的比例尺、特定的符号解释等。

10）交通流线：指人流和车流的路径，以及它们在景观中的流动方式。

11）可持续性和生态设计：如果景观设计强调可持续性和生态性，那么这些元素的位置和特性也应在平面图中表示出来。

12）景观分区：根据不同的功能和使用需求，景观通常会被划分为不同的区域，例如休闲区、娱乐区、安静区等，这些区域在平面图中也应明确表示出来。通过看等高线和图例，了解场地的地形和总体的布局情况、景物的平面位置（图10-3-3、图10-3-4）。

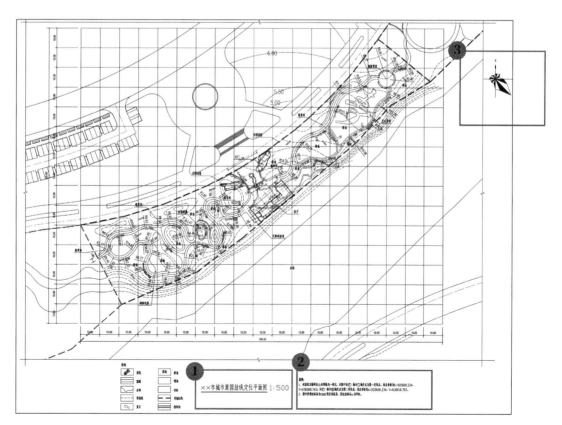

图10-3-3　园林放线定位图1

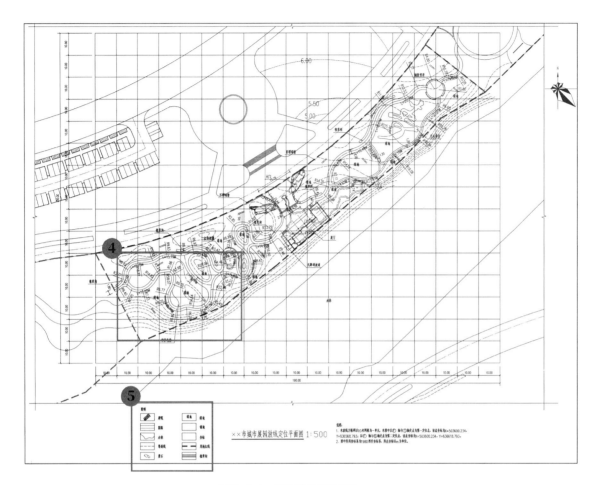

图10-3-4   园林放线定位图2

10.3.2   植物配置图

1．植物配置总平面图

植被是构成园林的基本要素之一。园林植物种植设计图是表示植物位置、种类、数量、规格及种植类型的平面图，是组织种植施工和养护管理、编制预算的重要依据。植物种植设计图一般采用乔木、灌木地被分页表示，更能直接表现植物位置、种类等施工情况。

1）乔木种植设计

当植物片状组群种植时，可用细实线以树干黑点为点连接，标注乔木数量（图10-3-5）。

2）灌木及地被植物设计

灌木及地被种植设计以片状种植为主，在特定的边缘界线范围内，成片种植灌木和草本植物（出草皮处）。图纸中标明植物名称、规格、密度等。对于边缘线呈现规则集合形状的片状种植，可采用尺寸标注、绘制方格网放线图、文字标注方法与苗木表相结合的方式呈现（图10-3-6）。

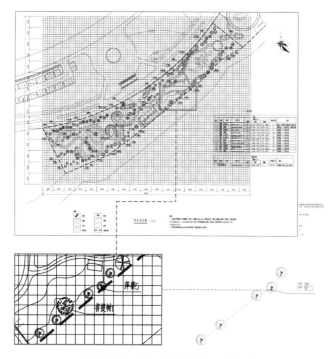

图10-3-5　乔木种植设计施工图示例　　　　图10-3-6　灌木种植设计施工图示例

2．编制苗木统计表及绿化施工说明

苗木统计表即列表说明所设计的植物编号、树种名称、树种拉丁文名称、单位、数量、规格、出圃年龄等。乔木、灌木及地被可分开列表（图10-3-7）。

3．绘制种植详图

必要时按苗木统计表中编号（即图号）绘制种植详图，说明种植某一种植物时挖坑、覆土、支撑等种植施工要求（图10-3-8）。

4．植物种植设计图

通常包括：

1）植物列表：列出图纸上所有植物的名称、规格、数量等信息，方便查看和核对。

2）植物布局图：图纸上应绘制出植物的分布位置，包括种植区域、种植点、植物的间距等。

3）植物特性表：列出植物的特性，如生长习性、光照需求、水分需求等，以便于后续的养护管理。

4）土壤要求：图纸上应注明土壤的类型、厚度、排水等要求，以满足植物的生长需求。

5）施工要求：图纸上应注明施工的方法、步骤、时间等要求，以确保植物种植的质量和效果。

苗木表

乔木

编号	图例	名称	拉丁名	胸径	高度	冠幅	数量(株)	备注
1		凤凰木	Delonix regia	13-14	450-500	150-200	3	假植苗,≥三级分枝,树形姿态婆娑,枝叶细密
2		香樟	Cinnamomum camphora	14-15	500-550	200-250	6	假植苗,≥三级分枝,植株丰满
3		菩提树	Ficus religiosa	13-14	500-550	250-300	3	容器苗,≥三级分枝
4		秋枫	Bischofia javanica	11-12	450-500	200-250	18	容器苗,≥三级分枝
5		火焰木	Spathodea campanulata	11-12	400-450	180-200	9	假植苗,≥三级分枝
6		小叶榕	Ficus microcarpa var. pusillifolia	10-12	350-450	150-200	12	容器苗,≥三级分枝
7		紫荆	Bauhinia variegata L.	9-10	300-350	150-200	15	容器苗,≥三级分枝
8		苹婆	Sterculia nobilis Smith	7-8	300-350	150-200	15	容器苗,≥三级分枝
9		洋紫荆	Bauhinia variegata L.	9-10	300-350	150-200	27	容器苗,≥三级分枝
10		蓝花楹	Jacaranda mimosifoia D.Don	7-8	300-350	150-200	7	容器苗,≥三级分枝
11		桃树	Amygdalus persica Linn	7-8	260-300	150-200	18	容器苗,≥三级分枝

观赏竹类

编号	图例	名称	拉丁名	秆径	高度	冠幅	数量(m²)	备注
1		刚竹	Phyllostachys viridis	2-3	250-300	—	65.91	容器苗,2秆/丛,9丛/m²

灌木

编号	图例	名称	拉丁名	胸径	高度	冠幅	数量(株)	备注
1		黄槐	Cassia surattensis	5-6	200-250	120-150	11	容器苗
2		小花紫薇	Lagerstroemia micrantha	7-8	250-300	200-250	7	容器苗,单秆
3		多花红千层	Callistemon citrinus	—	120-150	100-120	16	容器苗
4		黄金榕	Ficusmicrocarpa cv. Golden Leaves	—	110-120	100-110	13	容器苗,球形
5		含笑	Michelia figo	—	110-120	90-100	10	容器苗,圆形,多枝
6		巴西野牡丹	Tibouchina seecandra Cogn.	—	100-120	60-80	20	容器苗,多枝
7		苏铁	Cycas revoluta	地径15-20	90-100	80-100	7	容器苗,羽叶整齐亮泽,无病虫害痕迹
8		黄素梅	Duranta repens cv.Gold leaves	—	110-120	100-110	13	容器苗,球形
9		四季米兰	Aglaia odorata	—	90-100	70-80	14	容器苗
10		黄蝉	Allemanda neriifolia	—	80-90	70-80	23	容器苗,多枝
11		木芙蓉	Hibiscus mutabilis	4-5	150-200	90-100	12	容器苗,自然形,枝叶丰满

海绵城市苗木表

片植灌木及草本地被

编号	图例	名称	拉丁名	自然高度	冠幅	数量(m²)	密度	备注
1		大叶油草	Axonopus compressus	1-2	—	88.87	块状	

图10-3-7 苗木表示例

绿篱墙苗木表

片植灌木及草本地被

编号	图例	名称	自然高度	冠幅	数量(m²)	密度	备注
1		大叶红草	15-20	10-15	7.41	袋苗49株/m²	
2		金叶假连翘	35	15-20	9.07	袋苗49株/m²	
3		小蚌兰	10-15	10-15	2.71	袋苗49株/m²	
4		彩叶草	20-25	20-25	4.36	袋苗25株/m²	
5		鹅掌柴	25-30	25-30	3.05	袋苗16株/m²	

说明:绿篱墙植物种植形式在景观图LA-14、LA-15中体现。

片植灌木及草本地被

编号	图例	名称	拉丁名	自然高度	冠幅	数量(m²)	密度	备注
1		亮叶朱蕉	Cordyline fruticosa	70-80	20-30	133.85	袋苗36株/m²	
2		大叶棕竹	Rhapis excelsa	50-60	50-60	33.95	盆苗16丛/m²	
3		巴西野牡丹	Tibouchina seecandra	40-60	40-60	137.33	袋苗16株/m²	
4		翠芦莉	Ruellia brittoniana	40-50	30-40	86.45	袋苗16株/m²	
5		大花芦莉	Ruellia elegans	40-50	30-40	100.21	袋苗25株/m²	
6		萱草	Hemerocallis fulva	40-50	30-40	51.14	袋苗25株/m²	
7		美人蕉	Canna indica	40-50	30-40	24.76	袋苗9株/m²	
8		蜘蛛兰	Taeniophyllum glandulosum	30-40	—	53.47	袋苗36株/m²	
9		小叶龙船花	Ixora chinensis	30-40	20-25	84.09	袋苗25株/m²	
10		变叶木	Codiaeum variegatum	30-40	20-25	55.86	袋苗25株/m²	
11		栀子花	Gardenia jasminoides	30-40	20-30	64.07	袋苗36株/m²	
12		金叶假连翘	Duranta repens	35	15-20	113.74	袋苗49株/m²	
13		毛杜鹃	Rhododendron pulchrum	30-40	25-30	99.05	袋苗25株/m²	
14		繁星花	Pentas lanceolata	20-30	20-30	33.74	袋苗25株/m²	
15		红桑	Acalypha wikesiana	40-50	30-40	94.26	袋苗25株/m²	
16		丰花月季	Rosa cultivars	35-40	20	56.93	袋苗36株/m²	
17		矮叶朱槿	Hibiscus rosa-sinensis	20-25	20-25	80.3	袋苗36株/m²	
18		紫雪茄花	Cuphea articulata	20-25	15-20	48.83	袋苗49株/m²	
19		沿阶草	Ophiopogon bodinieri	15-20	15-20	91.71	袋苗49株/m²	
20		马尼拉草	Zoysia matrella	26x26, 间距3cm		3039.44	满铺	

绿化种植设计说明(四)

附表一:种植肥土配置

种植肥土表

序号	类别	腐肥	饼肥	腐熟厩肥	种植肥置(%)	木糠、煤渣、砂表一(%)
1	乔木类	30	—	—	65	5
		—	25	—	70-75	0-5
		—	—	10	85-90	0-5
2	棕榈类	25	—	—	60	10
		—	25	—	65	10
		—	—	10	60	10
3	灌木、竹类	25	—	—	60	15
		—	25	—	60	10
		—	—	10	80	10
4	花卉类	30	—	—	60	20
		—	30	—	60	10
		—	—	15	65	20
5	改良土壤	30	—	—	50	20
		—	20	—	60	20

注:1. 表中种植土指腐殖性土、弱碱土、椰壳土、三合土、壅酤土、砂砾土及含有常氮分的土壤外的土壤。
2. 本表中所列用的肥料为参考,具体施工时可根据实际需要及作物偏爱给做相应调整。
3. 基肥的选用需要根据情况要求,建议选择袋装肥。
4. 种植肥土的配制宜根据现场情况进行调整。

附表二:植物种植土厚度及用量

植物种植土厚度及用量表

种植类型	栽植土层厚度(cm)	种植肥土厚度/用量(cm)
草坪植物	>30	15
小灌木	>45	20
藤灌植物	>45	
大灌木	>60	
浅根乔木	>90	种植穴
深根乔木	>150	
特大乔木	>250	

附表四:花灌木类种植穴规格表如下:

冠 径 (cm)	种植穴深度(cm)	种植穴直径(cm)
200	70-90	100-120
100	60-70	90-100

附表三:常绿乔木类种植穴规格表

常绿乔木类种植穴规格表(cm)

树高	土球直径	种植穴深度	种植穴直径
150	40-50	50-60	70-90
150-250	70-80	80-90	110-120
250-400	80-100	90-110	120-140
400以上	140以上	120以上	180以上

附:大树支护及中小乔木支护示意图:

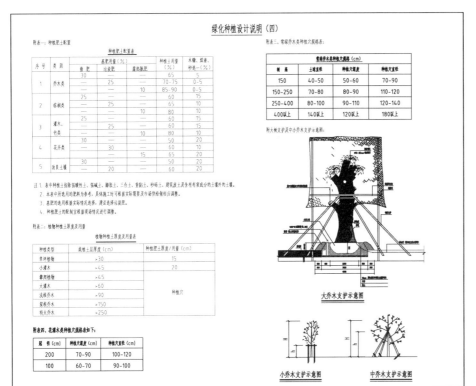

大乔木支护示意图

小乔木支护示意图　　中乔木支护示意图

图10-3-8 绿化种植详图

6）其他说明：图纸上还可以包括其他一些必要的说明，如植物的选择原则、养护管理要点等。

阅读植物种植设计图用以了解工程设计意图、绿化目的及其所达效果，明确种植要素，以便组织施工和做出工程预算（图10-3-9）：

1）看标题栏、比例、风玫瑰图或方位图。

2）明确工程名称、所处方位和当地主导风向。

3）看图中索引编号和苗木统计表。

根据图示各植物对照苗木统计表及技术说明，了解种植植物的种类、数量、苗木表格和配置方式。看植物种植定位尺寸，明确植物种植的位置及定点防线的基准。看种植详图，明确具体种植要求，组织种植施工。

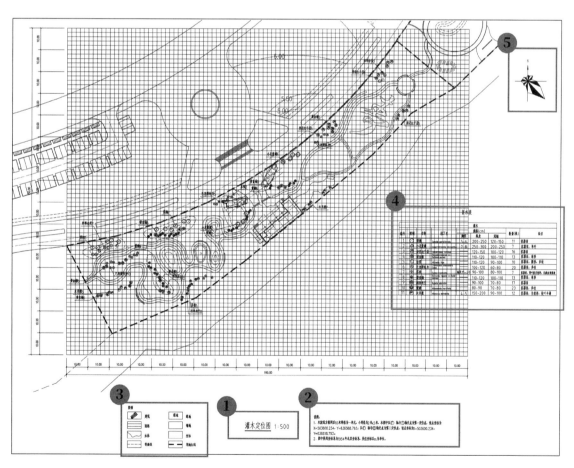

图10-3-9　种植设计施工图读图示例

10.3.3　景观建筑图

景观建筑，主要指在园林中成景的，同时又为人们欣赏、休息或起交通作用的建筑和建筑小品的设计，如园亭、园廊等。

1．景观建筑的功能

园林建筑的功能特点主要表现在它对园林景观的创造所起的积极作用，具体概括为下列四个方面：

1）点景

点景即点缀风景。建筑与山水、花木种植相结合而构成园林内的许多风景画面，有宜于就近观赏的，有适合远眺的。一般情况下，建筑物往往是这些画面的重点或主题：没有建筑也就不称其为"景"，无以言园林之美。重要的建筑物常常作为园林内甚至整座园林的构景中心，园林的风格在一定程度上也取决于园林建筑的风格（图10-3-10）。

2）观景

观景即观赏风景。以一幢建筑物或一组建筑群作为观赏园内景物的场所。它的位置、朝向、封闭或开敞的处理往往取决于得景之佳否，即是否能够使得观赏者在视野范围内提取到最佳的风景画面。

3）范围园林空间

范围园林空间即利用建筑物围合成一系列庭院；或者以建筑为主，辅以山石花木，将园林划分为若干空间层次。

图10-3-10　景观建筑点景功能

4）组织游览路线

组织游览路线即以道路结合建筑物的穿插、对景和障隔，创造一种步移景异的游览路线，局域导向性的游动观赏效果。

2．景观建筑平面图绘制方法

1）剖平面法

此法适用于大比例绘图，该方法可以清晰表达园林建筑平面布局，是较常用的绘制单体园林建筑的方法（图10-3-11）。

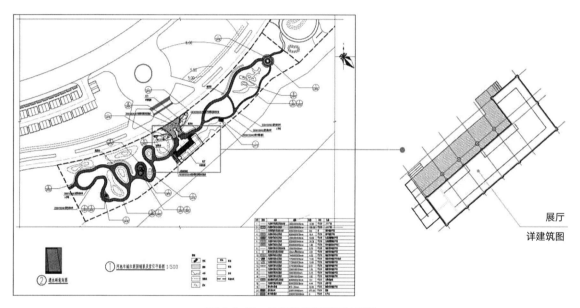

图10-3-11　景观建筑剖平面法示例

2）抽象轮廓法

此法适用于小比例总体规划图，以反映建筑的布局及相互关系，对于大尺度的或建筑处于次要地位的园林规划平面图上的建筑，以简单的轮廓表示（图10-3-12）。

3）涂实法

此法平涂于建筑物之上，用以分析建筑空间的组织，适用于功能分析图，如北京颐和园谐趣园平面功能图（图10-3-13）。

4）平顶法

此法将建筑屋面画出，可以清楚分辨出建筑顶部的形式、坡向等形制，适用于总平面图，如红楼梦大观园平面图（图10-3-14）。

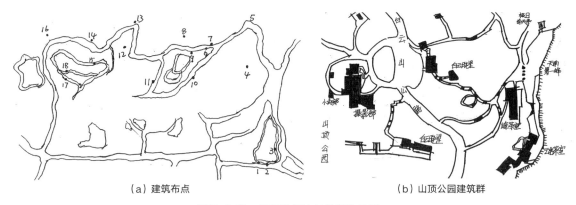

（a）建筑布点   （b）山顶公园建筑群

图10-3-12　景观建筑抽象轮廓法示例

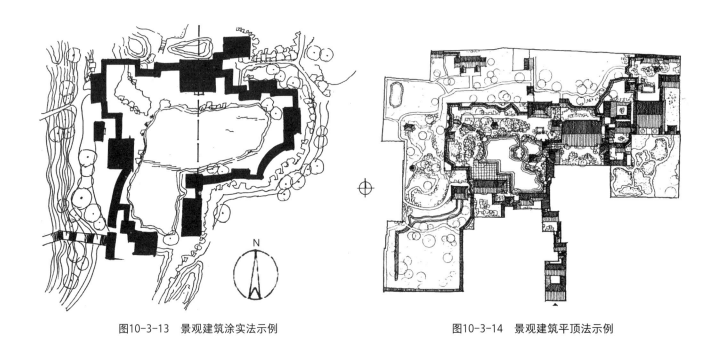

图10-3-13　景观建筑涂实法示例   图10-3-14　景观建筑平顶法示例

【思考】

景观设计图各阶段的应用思路：

1．景观设计图的表达规范。

2．景观设计图的表达要求。